U0091506

飯店

危機

服務

王偉◎著

危機雖不可避免，但有規律可循

危機管理的實職乃是服務。只有已服務精神來化解危機
飯店的經營收益才是保障

目　錄

艾菲爾鐵塔的啟示（代序）

自下而上攀登艾菲爾鐵塔，再自上而下去俯瞰；細細體會，我們能夠發現一個體系的架構和思維。

如果說，飯店危機服務是一個體系，那麼，這個體系將是一個「艾菲爾鐵塔」，缺乏其中任何一個環節（服務），體系的運作都將面臨危機。

1‧或許，我們無法洞察整體和背後，但我們能看到堅固的材料與鮮明的色彩，這正是一切體系不可或缺的基礎和特徵。它象徵了體系的力量：有軟的文化，也有硬的功能。

2·任何一個基礎的實力，都是由同樣堅固的架構組成。這個架構可能並不醒目，但卻是體系賴以維護的背後支撐。它與上圖鮮明的色彩形成了對比，正如一個體系的表裡。在這裡，每一個主要管理者，都是一顆鐵打的螺絲。

3·最偉大的擴張，是體系內部互相支撐網路的建設。

4・支撐網路在繼續擴張，而且更加嚴密。每一個節點，都有不同職責的螺絲，在環環相扣地「織網」。就如危機服務體系中的授權，因分工不同而呈現出不同的特點。

5‧核心構件的基礎建構之後，才能建立分支，而每一個分支都應服務於核心部件，並由核心發揮支撐作用。

危機服務，就是要確保這樣的核心時時刻刻處於核心位置，並能發揮作用。

6 · 各個主構架之間，還需要軟環節的聯繫，否則，這個構架將缺乏筋脈與粗神經。在危機服務體系裡，很多前期預警都可能發生在這裡。因此，「軟環節」必須成為關注與維護的重要部位。

7．縱橫交錯，短長相接，粗中有細，鉤心鬥角，看上去複雜的架構，正煥發著一體化了的穩固而堅強的生機。堅實的架構讓人知道：每一個環節都不能少。這是任何一個正常的危機服務體系都應具備的特徵。

以上是艾菲爾鐵塔的基本架構，也是危機服務體系的基本架構。

8‧基本架構組合好之後，為更好地發揮作用，必須增加其應用功能，從而為達成最終目的奠定基礎。

垃圾桶是其中之一，負責管理廢棄物。

9．照明功能也非常重要，否則，鐵塔形象將被黑暗淹沒。危機服務中的市場企劃、財務預算等功能與之相似。

10·動力系統當然更加關鍵，有了它，艾菲爾鐵塔才成為「一臺機器」、「偉大的建築」，而非「一堆鐵」。危機服務體系的動力，源於經營管理者及其所運用的一切資材，包括人力資源、資金、物資能源、市場、社會、生存環境等。

11．勤勤懇懇的勞動者，是艾菲爾鐵塔乃至一切體系靈魂的載體。

12．艾菲爾鐵塔乃至危機服務體系，將因為他們的勞動而終於成為貨真價實的體系。

13 · 艾菲爾鐵塔——危機服務體系漸起之一。

14‧艾菲爾鐵塔──危機服務體系漸起之二。

15．艾菲爾鐵塔——危機服務體系漸起之三。

16．艾菲爾鐵塔──危機服務體系拔地而起。

17．羅浮宮方向。

艾菲爾鐵塔不是孤立的。如果孤立，它可能失去其真正的價值，它成為遊覽者俯瞰世界的平台，同時，也成為世界矚目的焦點。

立足危機服務體系的制高點，我們也將看到廣袤的風景。

18．香榭麗舍大道方向。

19 · 塞納河方向。

20·最終，它將發揮服務人群的功能。危機服務體系的運作又何嘗不如此呢？

21．艾菲爾鐵塔的入口管理處，不大，但很精緻。危機服務體系的運作，一樣要有一個提綱挈領的「入口管理處」。但「管理處」的精神不在「管理」，而在「服務」。在危機服務的立場上說，我們不必誇大「管理」、「控制」、「處理」的作用，因為它們的實質只是服務，也只有將那些措施落實在服務上，其體系的運作才可能有作用，有價值。

至此，我們拾階而上，瀏覽了艾菲爾鐵塔。

現在，我們還可以自上而下再度瀏覽艾菲爾鐵塔，相信又能給你以全新的啟迪。

希望這本飯店危機服務的小書，能成為這樣一個「艾菲爾鐵塔」。

第一章　飯店危機服務及其體系

一、服務危機與危機服務

何謂「危機服務」

常識告訴我們，任何組織體系自其誕生之時起，就伴隨著使之解體的危機，故組織體系運作本身，即無休止的「危機處理」過程。

這個過程，通常稱之為「管理」。

然而，這個邏輯裡有一個嚴重問題，就是將危機放到了服務的對立面，即樹立了一個服務的「敵人」，然後去「打倒」（處理）它。而實際上，危機是永遠無法被「打倒」的。

所以，這個「常識」從其出發點上講，就已經有偏差了，是錯誤的。

為此，我們提出「危機服務」的概念，旨在強調危機乃服務之不可或缺的組成部分，是與服務一體的，就如同伴隨我們肌體的種種毛病一樣。毛病是層出不窮的，如果你視之如仇讎、邪惡毒瘤，那麼，你將被糾纏，鬱鬱終生，說不好會不得好死；反之，認可它，接受它，治癒它，它將遠離你，你或將不斷浴火重生。

飯店的運作正是這樣。

它時刻被種種服務危機圍追堵截著。這些危機，包括客人或員工的冷漠反應、抱怨、投訴以至訴訟等種種情形，五花八門。它們破壞心情，影響服務，常常給經營績效帶來致命一擊，甚至病來如山倒般地令飯店體系癱瘓。很多飯店經營者夢想著：「如果沒有這些危機多好啊！」或咬牙切齒道：「處理！處理！」但反過來說，它們恰是這心情、服務、經營績效、飯店體系的一個組成部分，消滅它們之時，就是消滅飯店之日。

唯一的出路，是化「處理」為「服務」：認可它，接受它，治癒它，然後浴火重生。

這是一個基本立場的問題。

我們由此出發，下潛至飯店面臨的種種服務危機深處，並搭建起危機服務體系。然後，就如何把握飯店危機服務的基本工具、認識客人冷漠反應、抱怨與投訴的由來等展開討論，進而梳理飯店危機服務的基本技巧，並在飯店危機服務組織化管理方面提供指南，闡發飯店危機服務的知識與智慧，力求實現化抱怨、投訴為支援的目標，並在最大程度上降低訴訟的風險。

相信，危機服務的實踐，將引導我們重新審視飯店「管理」的立場。

服務危機

服務的危機，主要指賓客對我們服務缺欠所表現出來的冷漠反應、抱怨、投訴乃至訴訟等狀況。

其中，「冷漠反應」的表現，看上去最「溫和」，也最容易被忽略，但危害最大，因為他們將用「腳」來表達自己的態度：不再光臨。這種不明示問題的態度，也使得服務者難以防範或補救。

「抱怨」，則有其可愛的一面，他們當面或在背後發洩不滿，但不提任何要求。對這類賓客問題的處理應主動、及時，一次到位，一般都可以挽回影響。但很多時候，服務者常常忽略他們的意見，或抱持得過且過、不以為意的心態，甚至認為客人小題大做、無理取鬧，從而敷衍或刻意迴避他們的抱怨，結果，看似「挺過去了」或「送走了瘟神」，實際上積怨已經形成，我們已經失去了他們。

「投訴」，是服務業最常見的客我衝突形式，指的是賓客在表達強烈不滿的同時，要求服務者給一個補救或補償的說法。解決這個衝突的過程，即投訴處理，一般要經歷過程分析、把握事實、現場處理、過後整改、追究責任等幾個階段，所以，投訴處理往往是我們提升服務品質的重要「助推器」。

「訴訟」，指的是賓客在一般投訴得不到滿意解決，並認為無法達成進一步處理意見的情況下，所採取的單方面的、透過協力廠商權威機構裁決的強制措施。這類衝突，一般都涉及客我的根本利益，且雙方都甘願承擔可能帶來敗訴、惡意評價等風險。

服務危機的特點

任何服務品質上的危機，都不是我們所喜聞樂見的。這是因為它們或來

或去，都可能充滿詭異、不安、傷害以及尾大不掉的後遺症。這些特點概括起來，將至少包括六點：

1．突發，出乎意料，猝不及防。

2．具破壞性。

3．發展進程充滿不確定因素。

4．時間緊迫。

5．資訊不充分。

6．資源嚴重缺乏。

危機服務的內容

透過服務危機的六個特點，我們能夠發現，完美的危機處理功夫將不完全體現在「事後」，更在「事中」和「事前」，因此，危機服務應該，而且必須是一個系統工程，其內容也至少應涵蓋以下五個方面：

1．服務缺欠的預測與預告。

2．服務缺欠的干預與迴避。

3．解除服務危機。

4．防止服務危機擴大化。

5．防範服務危機重複發生。

飯店危機服務

危機服務，就是針對服務缺欠，主動平缺補殘，防患於未然，或面對賓客對服務缺欠的冷漠反應、抱怨、投訴乃至訴訟，採取合乎情、理、法的補救措施，將損害降至最低的活動。

一些典型的小事（服務危機）

1．自駕車客人在電話裡非常生氣地吼道：「你們飯店到底在哪裡？我已經繞車站轉了一小時，按GPS指示走也看不到你們飯店的牌子......」

2．客人打電話到客房服務中心，說：「搞不懂你們飯店的結構。我找不到大廳。」

3．客人取消預訂，理由是「我打的時問了司機，他聽人說你們的服務很差，因此，我們就改訂別的飯店了」。

4．客人打投訴電話：「桌子下的壁紙髒了，電器的電線亂七八糟，到處很髒，馬上給我掃乾淨！」

5．客人跟客房服務生說：「你們房間門內側的緊急避難牌掛歪了，感覺很不好。」

6．客人慘叫起來，大叫道：「這房間靜電太厲害了，不能想個辦法嗎？」另一位客人也跟著說：「走來走去都有靜電，還會發出劈里啪啦的聲音，好害怕！」

7．客人抱怨飯店的服務態度：「辦理入住手續時幹嘛問我什麼時候走？是趕我們走嗎？」

8．客人一臉失望地抱怨道：「我一週前就預訂了，現在卻不讓我入住。」原來，是因為前面的客人延後退房，此時，房間還沒有布置好。

9．客人很不高興道：「人家飯店都免費提供早報，你們飯店怎麼要收錢？」原來，他要的是個人指定報紙。

10．一位上了年紀的客人向服務生說：「……我在家就是這樣！」

11．半夜兩點鐘，客人打來電話，要吃中餐炒菜。但飯店的送餐服務部只能提供簡單的三明治、麵條之類的簡餐。客人非常不高興……

12．意見：「總體不錯……只是希望你們換掉客房裡的即溶咖啡。享用了餐廳的可口飯菜，住在乾淨而有品味的房間，令我心情徹底放鬆，卻只因為一杯廉價的即溶咖啡，讓所有好感消失殆盡。如此著名的飯店，該在客用品的細節上再下一番工夫！」

13．常客抱怨員工說不清楚菜餚做法：「喂！給我上了道說不清楚的菜。你們到底是怎樣服務的？」

14．客人不滿意所點的菜「賣完了」。

15．客人打電話到大廳：「吧台的礦泉水有怪味，你們飯店拿變質的水給客人喝嗎？」

16．客人投訴：「你們餐廳打烊時間太早了！」

17‧外國人看完菜單，點了菜，要了份紅酒。飯店服務生隨後送上一杯冰水。客人很詫異地問道：「我不記得我要過水，這是特別服務嗎？還是說喝紅酒前就要先上杯水？」

18‧客人抱怨：「我的菜點了很久了，怎麼還沒上？」

19‧客人說：「我覺得你們的菜一直不錯，可這道菜的搭配很糟糕，最貴的主料，卻配上了最廉價的白菜、蘿蔔，味道雖說還可以，但總是不協調，讓人覺得不值這個價……」

20‧客人說：「我們沒點這道菜呀！」

21‧客人要特辣咖哩飯，服務生說：「對不起，我們店的咖哩本身就是辣味的，怕破壞口味，所以，只可以加一點。」客人很生氣。

22‧客人道：「菜很好吃，但我覺得這種烹飪方法多鹽多油，不健康。」

23‧飯店常客叫來主廚，說：「這道菜是我的最愛，你們現在是不是換了調料？還是方法改變了？」原來是換了個廚師。客人不高興，說：「這種事應該先跟我講一聲。實際上，還是應該考慮一下原來的烹飪方法的，有些老客戶還是喜歡以前那位原廚師的風味……」

24‧宴會預訂部員工緊張地正在工作，一位客人進來。一位正在接聽電話的員工用手勢請他坐下，然後，繼續電話交談。客人漸漸變得不耐煩起來。員工的電話終於打完，馬上道歉，客人已經憤怒了：「你們眼中根本沒客人！」

25‧一位外國客人乘車到店時，正逢客人到店高峰，門僮來不及為客人搬運行李。客人向大廳副理抱怨道：「你們的飯店要讓客人自己搬行李？在歐洲沒有這種怪事。你們的服務太差了！」

26‧客人叫來客房服務生，說：「你看看，這是什麼！」原來，兩張床的夾縫裡，夾著之前客人用過的短褲。客人覺得噁心，要求「馬上給我換房」。

27‧一對夫婦說：「一個月前我們住過你們飯店……我要住跟上次一樣的房間！」

28‧一位老婦人辦完入住手續，行李員把她的行李搬到房間，按規範開

始介紹客房設施，客人平靜地插話打斷了他的話：「我很累，想休息了。」

29·在飯店自助餐廳，一位客人叫住了服務生：「你們的服務有問題，那道菜鍋都空了好久，還沒給加菜，我一直等著。」

30·客人抱怨道：「......手忙腳亂，上茶時打翻了茶杯，上菜的時候又亂擺一通，點菜時，叫了半天才來，到底有沒有訓練，真是糟糕透了！」

31·住宿客人從客房打電話到櫃臺：「我昨天交代過要一份報紙，怎麼還沒有？」還有一位客人這樣抱怨：「我是常客，上次住的時候也講過一次，應該記住啊！」

32·服務生在等一位客人點菜時說：「對不起，請問可以點菜了嗎？」客人反問道：「你做了什麼對不起我的事了嗎？」「我沒有啊......」「那說什麼對不起！」

33·冬天最冷的時候，飯店餐廳來了一位客人。因為她穿著氣派的皮草外套，服務生趨前問道：「您好，讓我幫您寄放大衣吧。」客人一臉不屑地說：「不用了，放在旁邊就可以了。」服務生繼續說：「大衣很貴重，弄髒了會很麻煩，這是我們的規定。」客人真的生氣了：「到底是你們怕麻煩，還是怕我麻煩？你們不要管了，我想放在哪兒就放在哪兒！」

二、危機服務體系

危機服務是飯店服務體系三大組成部分之一

危機服務，必須是一個體系化的運作過程，否則，將只能頭痛醫頭腳痛醫腳，最終難以如願履行危機服務的職責，甚至可能按下葫蘆起來瓢，招致新的服務危機。

所以，我們說，危機服務既是一般服務的重要一環，又是一種特殊形式的服務。基於這樣的認識，我們便可以把服務大體分為三個層次或三個組成部分：

1·避免「出事」的危機服務。

2·圍繞「規範」的滿意服務。

3．突出「個性」的優質服務。

顯然，這樣三個層次或三個組成部分的服務，從來不能相互獨立，而應是融合一體的，如同一座俊美的山。我們可以勉強把山腳比作「危機服務」，把山腰當作「滿意服務」，再命名山巔是「優質服務」，但無論如何，那都是一座完整的山，不是兩座，更非三座，也無論山上山下，乃至一草一木、一抔土，都是山的一部分。

這座山，就是我們服務的整體。

危機服務與規範服務、個性服務的關係

「危機服務」是山腳，因此，它永遠是基礎，或許它並不顯眼，但不能出問題，一出問題就要命。「千里之堤，潰於蟻穴」，就是這個道理。

相比較而言，以「規範」為特徵的「滿意服務」不同。這部分工作的量，往往最大，被客人關注的程度也最高，而且，我們多數人、大部分時間所做的，也都是這部分的事，它同時也是企業主要利潤的來源。不過，既言「規範」，則其界定的將是服務底線，而非最高標準，因為高標準服務是沒有標準的，換言之，只要能定出標準，那就不是最高，所以，「滿意服務」一不小心就可能滑下底線，回到山腳，變成「危機服務」，因此，這也成為我們日常飯店管理工作的重要一環。

「優質服務」較特別，它是一束束「高山上的花環」，我們非常需要它，否則，一個企業將沒有故事，而沒有故事的企業一定沒有靈魂，頂多是一臺賺錢機器，長久不了。不過，我還是提醒大家：這個以對應「個性」為標誌的優質服務，不宜過度普及，也不宜過高評價，因為成本太高，除非我們確定或已經把握了那個高回報的市場，或這類服務「純屬員工個人的奉獻行為」。儘管如此，我們還是必須關注對「優質服務」目標的一貫堅持，因為「優質服務」這面旗幟不進則退，從巔峰滾回山腳更是一件再容易不過的事。而且，會因為爬得太高，滾下去的傷害也更大，傷筋動骨事小，粉身碎骨、一蹶不振事大。

建立危機服務體系

因此，建立一個服務於「服務整體」的危機服務體系，就成為絕對的必要，就如給整座俊美之山安裝一個「和諧應用機制」一樣，既要保證它能持續、有效地生長林材，有運輸通道，可以滿足人們旅遊、登山、考察活動的

需要，適應本山動物、植物生長，又能有周全的搶險、救護、療傷、防火、防盜、防山洪等的人力配備、設施及其運作機制，以免遭破壞。這是不能缺乏的。

這樣的危機服務體系，應至少包括以下三個分系統：

1．預警服務系統。

2．危機反應系統。

3．危機恢復與防擴散系統。

三、飯店預警服務系統

飯店預警服務

預警服務，就是發現服務缺欠，在損失尚未造成之前即行彌補，從而避免服務危機的發生，或即使發生，也能因及時發現而減少損失。

飯店預警服務小組

為此，我們首先要成立「飯店服務品質檢查與預防小組」，即一般意義上的飯店預警服務小組。

該小組應在總經理直接領導下展開工作。它可以是獨立部門，也可以由各部門管理人員聯合組成，但其常設機構應託管在一個部門。一般飯店指定人力資源部或總經理辦公室，或由一位主要負責人直接負責。這樣做的目的很簡單，就是要有一個具體的職位、責任人來負責服務品質評估、改進以及維護日常業務。

飯店預警手冊

要編制並完善《員工手冊》、《服務流程管理手冊》、《員工文明行為標準手冊》三個基本檔，並針對相應條款，制訂、正式推出配套的《獎罰辦法》。

儘管一般飯店都不乏這類手冊，但所有手冊的實質，都應該是服務危機預警手冊，要有危機意識，否則，它們的現實意義將大減。這是體系運作的一個「工具包」，是「飯店服務品質檢查與預防小組」展開工作的基本依據。

飯店還要編制《服務危機應急預案手冊》，明確一旦危機預警出現，「服務品質檢查與預防小組」可採取怎樣的反應、可調動哪些資源。

或許，我們飯店已有了有關颱風、暴雨、刑事案件、衛生、工程事故、糾紛等諸方面預案，但通常都缺少關於服務危機的預案。本書的目的之一，正在促成這個預案的形成。只有這樣，我們的預警系統才能算把握了專業工具。

《服務危機應急預案手冊》的編制很講究，要有封面、預案目標與任務、權責分明、發文機構名稱、檔編號、日期、主要電話號碼等基本要件。同時，還要注意六個要點：

1. 預案執行授權書。

2. 與預案有關的人員名單，包括文件制定者、執行者、參閱者等。

3. 相關人員閱讀後簽名、標注日期。

4. 資訊保密制度。

5. 預案維護和更新、修改程式與原則。

6. 預案審核程式。

預警服務的「警戒級別」

服務預警小組所執行的任務是長期的，不是臨時的。所以，這個執行，就是堅持不懈地將預警手冊的條文，落實到具體行動和結果上。

該小組應定期或不定期組織服務品質狀況調查、評估，力求儘快發現問題，並本著「勿以善小而不為，勿以惡小而為之」的原則，對任何細微缺欠都不放過，一旦發現缺欠，立即發出警報，主動解除危機，防患於未然，才會在可能出現的危機中佔據有利位置。套用一個時髦的詞，就是要不斷「啟動系統」。

對服務危機的預警，應分紅、黃兩個級別：「紅色」級別表示該服務缺欠所造成的危機，可能影響飯店乃至所屬集團的社會信譽，可能會造成財產損失，甚或導致人身安全事故的發生等，紅色預警應由飯店總經理、最高行政部門直接參與處理，所對應的危機形式，主要包括冷漠反應、投訴、訴訟

等。該類危機處理的結果，應歸入「紅色」檔案，故名。

「黃色」級別表示該服務缺欠所造成的危機，可能影響到部門、職位服務流程的調整、員工技能的提升、服務態度乃至政策執行力度等，應由總監、部門經理協調相關部門成員參與處理，其所對應的危機形式，主要包括冷漠反應、抱怨、投訴等。該類危機處理的結果，應歸入「黃色」檔案，故名。

預警服務可能不受歡迎

預警系統一旦被啟動，其觸角幾乎就將延伸到企業的每一個角落，初期甚至可能遭遇內部的抵觸，因此，管理者應充分考慮到獎罰的平衡性。畢竟，危機服務的目的不是為處罰而處罰，恰恰相反，是為了獎勵而處罰，是為建立一個皆大歡喜的和諧團隊而努力的一部分。

很多企業的系統不能正常運作，問題就出在罰多獎少、只罰不獎或獎罰不公上。其中，一個關於「嚴格管理」的失誤需要特別警惕，那就是有些人願意讓大家以為「冷若冰霜」的態度就是嚴格。其實大大不然，真正的嚴格，是同時要有「和若春風」的表現來配合的。「冷若冰霜」的態度，應該用於待事，「和若春風」的態度，應該用於待人，兩者平衡了，就叫「寬嚴並濟」。這才是正道，才是真正的「領導」。否則，遲早會因為失衡而翻船，而且通常不會翻在大風大浪裡，而會翻在陰溝裡。

此外，持續不斷的全員服務危機處理技巧培訓，也成為必要。本書的大部分內容，都與此相關。在提升整體服務品質方面，服務危機處理技巧培訓看似一個邊緣做法，但實際上，可能發揮最核心作用的正是它。

預警服務是要花錢的

資源嚴重缺乏可能是導致服務危機產生，或令危機擴大的重要原因。比如，一位常客投訴一道高檔魚有問題，一般情況下，我們大可以為他更換一道，但一旦缺貨，問題就複雜了，因為即使以實相告，客人也可能誤解為託詞，深感不快。所以，資源保障系統是飯店危機服務的最基本保障之一。不過，鑒於這項服務常會佔用不貲的資金，因此，即使發出預警，很多經營者還可能甘願抱著僥倖心理去冒險，而不願意啟動危機服務。如此一來，我們的「預警服務」將失去意義。對心存僥倖者應予儆戒。

這裡，我提出七個要點：

1．必要的庫存是絕對必須的，「零庫存」思想不完全適合飯店危機（應急）服務。此外，主要初裝修材料應至少有5%的餘量作為庫存。

2．從建飯店的時候起，就要優先保障資源存放地點的合理性，並有充足的空間。

3．明確資源管理責任人，並要求他們掌控在任何情況下都能獲取資源的途徑。

4．飯店高層要對資源使用的進度與方式有所把握。

5．隨時策劃、落實替代品或替代方式。

6．制定、落實儲備資源制度，定期檢查，及時保全。

7．編制、修訂資源使用說明書或使用手冊，確保各類資源被正確而有效的使用。

四、危機反應機制

「快速反應部隊」

反應，當然是相對於預警的反應。就是說，服務危機的警訊一旦發出，「預警系統」便應立即調整為「反應機制」。

「反應機制」跟「預警服務」一樣，首先應有一支不同於平時的「危機預警小組」的「快速反應部隊」——基於現場的服務危機處理小組，展開「救援行動」。

這個處理小組的架構可繁可簡，成員可多可少，可以是部門級別，也可以是飯店級別，甚至可能就是一個代表，一切應視危機級別（「紅色」或「黃色」）來決斷。但每一個過程或進展，「飯店服務品質檢查與預防小組」負責人都應有全盤的把握。

誰來明確責任分工

要根據危機級別，明確服務危機處理小組的組成部門與具體人員、分工，落實責任，並視情況在所轄範圍內公布，以便相關職位或人員配合。如其後有變化，則適時變更通報。

這裡有一個很重要的工作要明確，就是在實施危機服務期間，成員之間的臨時指揮授權關係、原則要明晰，以避免因行政級別意識造成不必要的衝突。特別要說明成員不能履行職責或違規時，授權人應該採取的措施。為此，作為上級也要及時關注，並適時調整人員結構與工作步驟。

一般而言，「紅色」預警應由總經理負責安排，「黃色」預警應由部門經理安排。但處理結果，應上通下達。

危機處理的行動規則

這項工作並不複雜，但要求「反應小組」迅速、細緻、縝密、果斷。很多失敗案例表明，「反應小組」不反應是致敗的第一原因，另一個原因是馬虎、隨意、掉以輕心。

在處理較複雜的服務危機時，「反應小組」及其各分部門的作業場所要選好，確定後明確周知，包括場所名稱、電話號碼等。有人因為有手機而忽略這一環節，其實很危險。

換言之，面對複雜情況，一定要坐下來，「面對面」地分析。當然，如果情況簡單，倒也可以透過「虛擬辦公室」（手機網路）進行溝通。但無論哪種情況，作為負責人，一般都不要說「有事隨時告訴我」，而應說「每十五分鐘將進展情況告訴我一下」。

這是負責的態度，而態度決定一切。

兩類服務危機的分析

第一類是經濟損失型服務危機，飯店應圍繞服務危機可能或已經造成的最大損失是多少來進行處理，具體包括：

1．引起危機的直接與間接的服務缺欠。

2．確認上述缺欠賴以存在的深層環境。

3．上述兩者交互作用的形式判斷。

4．明確可能或已經造成的直接損失。

5．明確影響時間的長短與範圍。

如果損失尚未形成，應優先制定「0損失」策略；如果已經造成損失，則要制訂防止升級或減少損失的方案。然後圍繞方案，實施並調整危機中各

部門間的協調原則，避免自亂陣腳。同時，建立危機中的外部配合團隊，明確與外部配合團隊的聯繫方式和聯絡人，如法律、醫院及政府管理部門等等。

第二類是形象損害型服務危機，飯店要圍繞危機形象展開工作，具體應包括：

1．分析、明確飯店在這場危機中的形象定位。

2．制訂維護飯店形象的具體行動綱領，明確原則、辦法和實施步驟、時限等。

3．挑選和培訓形象管理人員，並明確他們的職責和權力。

4．檢查進度。

5．確定維護形象的短期行為與長期行動的具體做法及二者之間的關係。

資訊與媒體管理

第一，小組負責人要明確收集資訊的手段與方式，掌控資訊傳播與轉換的途徑及其實際狀況，包括對外部組織的溝通原則，尤其要明確對待利益相關者的溝通原則，如是否要送「特別公關」，等等。

第二，關於媒體，特別是網路媒體和小報紙的管理，要遵循這樣八個關鍵步驟落實：

1．確定誰來負責媒體管理，組織架構如何，工作流程怎樣。

2．對媒體分類分級，明確相應的管理原則和辦法。

3．對參與媒體管理的人員進行嚴格篩選，並進行有針對性的培訓。

4．確定參與媒體管理人員的職責和權力。

5．明確與媒體交流的基調、內容、口徑、具體方法、時間空間條件。

6．制定應對媒體不公正報導的策略。

7．制訂吸引媒體注意的活動預案。

8．必要時，制定強制政策，統一口徑。

五、危機恢復與防擴散體系

有始有終的意識與善後策略

我們對危機服務的每一個服務環節都要關注，而最後的環節——「解除緊急狀態」尤其不能忽視，因為大部分服務危機看似過去了，其實並沒有，後遺症還在隱隱作痛，或者即使一件事結束了，會不會重複發生？所以，「危機恢復與防擴散」，就跟護理手術初癒的病人一樣，要自成一個體系。

為此，我們應在每一個危機處理行動告一段落之後，立即組織所有人，就服務危機的長期影響達成共識，以增強我們的危機意識。

這項工作要常抓不懈，見一次抓一次，見兩次抓一雙，不怕麻煩，不嫌煩瑣。這個「強制」將培養起我們的服務危機意識。須知，有或沒有服務危機意識，不僅是一念之差的問題，對我們整個服務體系而言，它起著非常現實而又關鍵的作用。因為我們非常清楚，每一位賓客對服務品質的認知，都不可能基於一個或幾個共通標準來判斷，他們只憑「自己的感覺」，並一定認為「我的感覺就是你的服務現實」，所以，即使對同樣的服務體驗，也將有人說好，有人不以為然。一方面，這增加了服務危機的變數，另一方面，它也提供了危機服務的路數，那就是以感覺對感覺、以心傳心、設身處地。而這個路數，只能承傳於我們心中的那個意識，那個危機意識。

《飯店服務品質案例通報》及其他

作為飯店各級管理人員，應在共識的基礎上，於每一次危機過後都痛定思痛，潛心反省自己或自己部門目前的作為是否合適。然後，對未來危機服務策略、方式等進行完善、調整乃至重建。

完善、調整、重建工作要從兩個角度展開。一是針對一場服務危機留下的可以想見的問題，進行「防擴散處理」；二是針對已經解決的危機，進行「永久性清空」，防範復發。

在操作上，應首先回顧危機所造成的現實的與潛在的損失，梳理危機服務過程中好的做法與失誤，確定危機恢復所需投入的時間，再根據這個時間表，制訂加快危機恢復（重建與修復）的短期措施與減少或消除危機帶來的持續影響的長期方案。這些措施與方案，應形成文字，如《飯店服務品質案

例通報》或《飯店危機服務報告》等。現在飯店業通用的方式是正式推出《賓客投訴處理報告》，雖較前者更言簡意賅些，但不一定最合適，因為我們必須關注到報告的培訓作用以及對將來發生同類問題處理的可參考性。

這裡推薦《飯店服務品質案例通報》方式，其內容至少應包括以下四點：

1．事情經過及處理結果。

2．原因分析。

3．部門整改計畫與措施。

4．飯店處理決定。

為做到以上四點，飯店就要建立起發現問題的管道體系，如值班經理制度及其報告、GRO（客戶關係主任）或大廳副理值班制度及其報告、賓客滿意度調查制度及其報告等等，如此才可能整理出「事情經過及處理結果」。然後，部門以及職位人員要參與分析，形成「原因分析」，並在此基礎上，提出「部門整改計畫與措施」，這個過程乃是一個最好的自我培訓過程。最後是「飯店處理決定」，旨在追究責任，其深層意義更在於防患於未然，令今後避免類似問題的發生，或在發生時有章可循，提升處理效率，減少損失。如此，則每一次處理結果，都能成為一次對流程、規範、制度的調整與補充，成為一次自我培訓，自會有助於服務整體的持續完善。

當然，再完善的體系都不是萬能的，況且，人類至今還沒製造出過任何真正完善的體系。

危機服務，是一條永遠的「未濟」之路。

第二章　飯店危機服務基本工具

一、內部溝通：降低服務危機風險的屏障

服務的使命

我們知道，人類情感的「完美表達」，或與他人的「完全溝通」，都是可望而不可即的事，是非現實的。我們所說的每一句話，都可能有一些人誤解，我們自己也可能誤解別人，儘管我們努力減少這種誤解，但不可能完全消除，我們也不可能預料到每一次溝通的結果。況且，我們還生活在一個危機四伏、內心封閉、人人自危的世界裡。

這是服務危機必然產生的重要因由。

然而，我們的服務，卻偏偏要立足於這種以心傳心、以情感人、充分溝通、暢快交流的資訊傳播平台之上，因為只有這樣，才有良好的服務。這樣一組矛盾，奠定了人類服務業的基礎。

換言之，服務業的根本使命，就是要平復危機，融通人類封閉的內心世界，將人們從自危的藩籬中解救出來。它將「給人方便、給人自信、給人歡喜」列為頭等要務。正是這個使命感，為服務業注入了靈魂，也成為服務業的生機所在。

飯店內部溝通有難度

困難不僅侷限於使命層面，在飯店職場，我們還須無條件地接受具有行業性的三個「分裂」：

1．營業場所分散性，員工不可以「擅自離開崗位」。

2．勞動時間分散性，上一班次的人員與下一班次的人員之間幾乎沒有多少交流時間。

3．時空的分散使服務者之間的溝通難度呈現乘數效應。

這三點在其他行業表現都不明顯，因此，彌合「分裂」，也就成了飯店服務管理的一個重要內容。現實存在的「分裂」更使得服務管理面臨雙重危機，且難以避免。

內部溝通

一位客人住進飯店，他所要求的服務，通常不是一吃一喝一睡其中的一種，而很可能是又吃又喝又睡，甚至還包括其他。或許，他不明確要求什麼，但他的「體驗」結果一定是綜合的，比如吃飯，絕不會僅限於一湯一菜一水，還要經歷迎賓態度、空氣狀況、環境布置、藝術品味、溫度濕度、通風等種種體驗，其中任何一項不滿，都可能影響吃飯的效果。所以，飯店部門之間的工作聯繫、資訊溝通的成敗、服務規範的整齊程度，將直接影響到客人的「體驗」與評價，並最終左右飯店全盤運轉的成敗。

飯店前廳部的作用特別重要，它是飯店日常運作的「神經中樞」，是日常資訊的集散點，是客人與各職能、運作部門之間聯繫的直接樞紐。因此，前廳管理人員不僅應瞭解自己肩負的責任，熟悉本部門的運轉過程，還要瞭解其他部門的工作流程，這樣才有可能搞好與其他部門的資訊溝通。需要注意的是，餐廳通常是主賓接觸時間最長的經營場所，忽視溝通，將招致特大麻煩。

總之，飯店服務工作具有整體性，並非單靠某一部門、某一部分或某一個人的努力就可獲得成功。因此，作為管理核心內容的內部溝通，非常重要。

溝通的目的

溝通，乃是危機服務的重要一環。因為很多服務危機的發生，都源於溝通不暢。所以，內部溝通便必然地具有了明確的目的性。

1．被對方理解。說明某事，使對方瞭解你的真實意圖。不能讓對方理解，則預示著服務危機正在滋生。

2．理解對方。瞭解對方確切的意見與打算，並設身處地地為對方著想，而不是簡單地自說自話。服務危機的爆發，通常就集中在理解偏差上。

3．得到承認。要透過你的態度、語言、行為表現，使你的意見被對方接受。對方不接受，標誌著溝通失敗，預示著服務危機的發生或繼續。

4．轉換行動。要使對方瞭解你要做什麼、他應做什麼、何時做、怎麼做，以及為什麼做。這些都明白了，有了共識，等於溝通成功，也等於提供

了較好的危機服務。

溝通效果取決於員工知道多少

員工必須知道的資訊很多，但一定要從提供與他們的切身利益相關的資訊做起才有意義，否則，資訊於員工而言，將是片面的、死的。而所謂「全面的資訊」，一定包括個人需求資訊、飯店企業資訊和工作資訊三類。

首先，是七種個人需求資訊：

1.晉升機會。

2.工作穩定性。

3.培訓機會。

4.工作前景。

5.收入狀況。

6.福利待遇。

7.部門績效。

這些資訊，有些是相對穩定的，有些則要定期或不定期發布，以確保員工隨時掌握。

其次，是十四種有關飯店企業的資訊：

1.飯店歷史。

2.在本行業中的地位。

3.組織結構。

4.銷售趨勢、營利狀況、公司的發展規劃。

5.當期財政狀況。

6.飯店學習規劃。

7.廣告計畫。

8.正在生產的產品、新產品以及計畫生產的產品。

9.高級管理人員的姓名以及有關他們的情況。

10．飯店最新政策。

11．管理層人事變化。

12．飯店近期投資計畫。

13．飯店與所在社區的關係。

14．對當前社會問題的正式態度。

這些資訊關乎員工創造產品的個人感受與自信心，因此，不能忽視。

最後，是七種工作資訊：

1．職責。

2．許可權。

3．同事、上級與下級。

4．其他部門職能。

5．臨時任務。

6．臨時發生問題。

7．可能發生問題的預測與安排。

溝通規則

一位員工只有一個直接上級。下級不能越級報告，但可以越級申訴；上級不能越級指揮，但可以越級檢查。

上級應鼓勵任何形式的溝通

就內部管理而言，溝通的好處是顯而易見的：

1．能為管理層提供資訊。

2．有助於減輕工作壓力和不快。

3．衡量下行溝通是否有效。

4．增強員工的參與感。

5．啟發管理層在今後的上行溝通中使用更有效的方法。

因此，每一位上級都應鼓勵員工的溝通。這是一個基本態度，要對溝通

報以微笑，嚴禁高傲、簡慢、卑屈討巧、神情不安、舉止不穩、裝腔作勢、厭煩情緒等不良態度。諷刺、嘲笑、令人不快的語言、話題更應極力避免。

當然，光有態度不行，還要親自建立管道，並持之以恆地推動。具體做法包括：

1.為部下提供簡單、實用的溝通管道，如會議、懇談、表格、報告、辦公自動化系統等等。

2.花時間、精力傾聽部下講話。

3.明確表態以消除員工對壞消息的抗拒心理。

4.不要使下屬把向上溝通看成是「向上爬」的階梯。

5.接收資訊後採取及時的措施，讓下屬知道說了管用。

同時，溝通的雙方還都要關注以下一些細節：如用語要簡明親切，誰都可以聽懂，無論老人、年輕人、城市人、鄉下人都一樣對待；要使用合適的言詞、句法，以不破壞對方的心緒；致力於在信賴的基礎上講話；不使用下流語言；慎用專業詞彙、隱語、外語以及誇張詞語、難懂的詞彙等等。

透過指令、培訓、檢查、員工活動強化溝通

在小型飯店內，經理可以口頭下達命令，還可以親自檢查執行情況。但在大、中型飯店內，大量的資訊是透過書面形式傳遞的。這樣做，一可以使資訊的內容更加明確，二有助於明確各部門、個人的責任，從而使飯店處於有序、高效的工作氣氛之中。

溝通是後臺的事情，時刻抓緊面向全體員工的入職、在職培訓，使大家分秒不忘「團結合作」的重要性，是實現良性溝通的重要前提。極端地說，任何培訓，包括會議等等，都是溝通。失去溝通，一切將失去意義。透過培訓，員工將不斷精通本職工作，對飯店知識以及各部門工作內容有所瞭解，即奠定了日常管理溝通的必要基礎。而沒有這個基礎，大家將沒有共同語言，談不上溝通。

此外，檢查本部門與部門之間溝通的進展情況，即透過表像問題追本溯源，解決實際問題，這十分必要。

再就是組織集體活動，它是實現飯店管理溝通必不可少的一個途徑，它

能增進員工之間的相互瞭解，消除隔閡，加強團結。也只有在一次次活動的促成中，溝通目的才能實現。

阻礙飯店部門溝通的七個主因

1‧經理受制於本部門氛圍，而造成本位主義嚴重。

2‧管理人員之間缺乏尊重與體諒。

3‧飯店缺乏必要的溝通政策。

4‧管理層對溝通的態度不明確。

5‧職位職責不清。

6‧管理層次太多，從而使資訊細節被遺漏，以致資訊被歪曲。

7‧溝通培訓的不足。

二、理解客人：危機服務的奠基石

與客人溝通有特殊性

在主賓關係，特別是客人方面，是有其特殊性的。這可能集中表現在以下三點：

1‧客人對服務人員高度依賴。這也是我們設計宣傳冊、說明書的理由，也是配置行銷員、公關代表、帶位員、行李員引領的根本意義所在。

2‧客人對服務的評價，因其個人「體驗感受」差異，而具極大的不穩定性。如對於同一服務，甲說好，乙說一般，丙說差，丁說沒感覺。

3‧主客之間在語言表現上有差異。比如，我們有很多的專業術語，客人就不一定懂。

所有這些因素，都增加了溝通的難度。但同時，也帶來了透過努力創造服務特色的機會。因此，便註定了飯店用人的特色——不是每一個人都適合飯店服務業。

理解客人

「理解客人」，是一句很容易理解的話，也十分平常，但我希望以這樣

的口號來替代「客人就是上帝」或「客人永遠正確」。因為後兩者的商業性即功利性太明顯，並不適合東方以人為本的含蓄文化。

理解客人，就是要服務人員在與不同類型客人打交道的時候，充分發揮察言觀色的能力，迅速從客人的舉止、談吐、神態中判斷出他們的情緒與要求，然後，根據客人的特點，調整自己的表情與言談，提供有針對性的服務。

每一位服務人員都應在日常工作中培養自己這樣的待人處事技巧，練就一手迅速、準確服務的功夫。服務過程中，應通情達理，有智有謀，並善於自我約束。

為什麼要理解客人

我們和客人的立場是相對相應的，是服務與被服務的關係，是銷售者與消費者的關係，因此，雙方的定位應有主有從——客為主，我為從。或許我們可以強調，我們雙方在人格上是平等的，但在服務上卻有主從之別。這是根本性的現實。

但實際上，客人從來都是弱勢的，因為他們不知道我們將提供怎樣的產品，而我們清楚，因此，他們必須強烈地依賴我們。也正因為這種依賴，使得他們對我們的一舉一動都很敏感、不安。

所以，我們提出「理解客人」的口號，就是要透過我們的微笑讓客人歡喜，透過提供種種方便，奠定以我們的自信博得客人的信任，進而消除客人的不安，幫助到飯店的每一個人都獲得一次愉快的服務體驗。

客人對服務的一般需要是什麼

豫、速、趣。

「豫」，就是準備工作。客人希望一切都準備就緒，而不是臨時操持，或需要不斷地提醒。「豫」，同時也意味著員工的訓練有素，意味著設施設備的完好與等級，意味著資訊溝通順暢，意味著員工敬業、愛崗位，有創新精神。其實，飯店90%的工作都在一個「豫」，如古人言「豫則立，不豫則廢」。「豫」，也就是在最大限度上「給人方便」。

「速」，就是現場服務的效率。說話、辦事、操作動作準確而連貫，有條不紊，沒有滯澀感。客人在我們行雲流水般的服務「表演」中，感受到

美，並留下溫馨的體驗。「速」，也是「給人自信」的表現，因為沒有自信的人是拿不出準確與效率的。當然，這也意味著前期準備工作（「豫」）的充分。

「趣」，指美趣，一般透過語言表達、服裝、裝飾、面部表情等表現出來。這是一個關於服務素質的指標，更是一個體現員工個性的過程。它貫穿每一個服務始終，並以此展現服務的靈魂。我們概括這一點為「給人歡喜」。

客人的類型

飯店客人基本可分三類：公務型、休閒型、VIP（貴賓）。VIP客人較特殊，一般都能置於飯店最完善的「保護」中，故不作為危機服務的主要對象。

對公務型客人的接待

公務型客人，包括商人、會議客人、長駐專家及有公幹的各種代表團等。

一般說來，這類客人要求飯店設施與服務能達到家庭的舒適及辦公機構的效率。他們的住房，不僅是休息、睡覺場所，還應是工作、學習的地方。因此，要求房內隔音良好，光線充足，備有辦公室、直撥電話、網路線等等。

此外，他們還希望飯店有一個完善的商務中心，能為他們提供傳真、複印、祕書、翻譯、打字及商業資訊等多種服務。他們希望前廳服務人員能快速為他們辦理預訂計程車服務，房內用膳服務，快速洗衣及乾洗熨燙服務，信用卡結帳服務。他們還希望飯店有較完善的會議設施、宴請場所以及康樂健身場地。

誠然，如果飯店不能全面地提供上述各項服務，服務人員的好客、熱情，以及高效率的面對面服務，也能夠給設施不足以一定程度的彌補。

對休閒型客人的接待

休閒型客人，包括旅遊、探親、休假的散客及團隊。

他們去附近的旅遊點、紀念地、商業街遊覽、採購，而把飯店作為落腳點。在大部分飯店，這類客人的比例都很大，應予高度重視。

他們在對飯店基本設施要求方面，與公務型客人大體相同，但也有一些差異：他們更希望居住景色優美的房間；住宿期間，更希望品嚐到當地風味，更希望瞭解當地的風俗人情，更希望購買當地的土特產及手工藝紀念品。

他們希望飯店的櫃臺能為他們提供介紹旅遊點的資訊、各種交通工具時刻表以及購物指南；希望服務員能為他們介紹休閒場所特點、當地餐廳的特色、天氣預報。當然，還希望有出色的行李服務，並能代訂機票、車票和各種文娛活動票等。

每一位客人都是唯一的、絕對的

即使是同類型的客人，也都具有不同的個性。所以，我們不僅要瞭解來賓的商業類型等共性資訊，還需進一步瞭解客人的個性，同時，瞭解為不同個性的客人提供服務時應該注意的問題。

要在內心深處清楚一個道理：每一位客人都是唯一的、絕對的。這是理解客人的關鍵所在，也是我們達成服務使命的必要條件。我們通常把這種有針對性的服務叫做「個性化服務」。

個性化服務的二十八種對象

1・交際型客人

熱情、健談，有時甚至過於熱情，他們也許會請服務人員外出或一起用餐。在為此類客人服務時，服務人員應保持鎮靜與幽默，根據飯店的規章制度，有策略地回應客人的要求，必要時可請求主管的幫助。

2・急躁型客人

不管服務人員多麼繁忙，客人堅持要求立即提供服務。如果客人的要求是偶然的，對其他客人來說是不公平的，那麼，服務人員要設法走捷徑，儘快把他們安頓下來，但還應該注意服務品質，注意親切、速度。

3・閒聊型客人

對於此類喋喋不休的客人，服務人員要關心、體諒，注意禮貌。在適當的時候，向他們表示歉意，因為其他客人需要得到服務。同時注意宣傳飯店，因為他們可能是我們飯店最好的宣傳員。另外注意早入正題。

4．抱怨型客人

即使知道自己錯了，也要把責任推給飯店。當此類客人抱怨時，服務人員應充分傾聽，然後微笑著致歉，再設法使問題得到解決。注意對此類客人要熱情，決不能與客人爭辯。

5．易變型客人

他們在對選擇做出決定前，通常會不斷地改變主意。接待此類客人時，應注意保持耐心與禮貌，應給客人充足時間作決定。還應根據客人的特點，提供帶有主導性的建議。

6．膽怯型客人

應注意察覺此類客人的要求，否則，將很難瞭解他們真正的想法，因為他們不輕易表示自己的不滿。應盡力向此類客人提供最好的服務，並爭取事事積極、主動。

7．要求型客人

應設法瞭解此類客人的真正需求，提供他們急需的東西。在接待服務中要能忍耐、有禮貌，決不能對客人發脾氣。

8．敵意型客人

這類客人似乎對一切都懷有敵意，很難使他們高興。服務人員與此類客人打交道時，應注意容忍，要熱情地為他們提供最好的服務，設法緩和局勢，取悅客人。

9．吵鬧型客人

在公眾場所大叫、大嚷，希望引起大家的注意，成為中心人物。對此類型客人的行為，服務人員應立即設法制止，以免影響他人。與此類客人打交道時，應尊重他們，小聲地與他們講話，儘量避免衝突。

10．友善型客人

從表情上可以發現，客人很樂意來飯店住宿，對飯店某些服務不周到的小缺點，能予以諒解。大部分客人均屬於此類型，我們應以認真的態度對待他們，而嚴禁隨意。

11．特殊型客人

此類客人的喜好與大部分人有明顯的區別。例如，喜歡色調對比強烈的客房。服務人員很難滿足他們的全部要求。接待此類客人時，應耐心、禮貌，儘可能滿足他們一部分要求，並作到位，還要記錄下來，長期堅持。如果對此類客人的要求處理比較恰當，下次他們還會光臨。

12．斤斤計較型客人

把房價與其猜想成本相比較，抱怨房價太貴。服務人員應以良好的服務態度，有效的銷售技巧，向他們說明客房的特點，介紹構成成本的因素。我們對此類客人應該耐心，但不能隨意降價。

13．兒童

兒童也是飯店的客人，服務時，既要耐心，又要小心。兒童過分吵鬧會影響其他客人，所以必要時，應禮貌地提醒他們的父母。服務人員應避免與客人的孩子嬉鬧、玩耍，以免影響正常的工作秩序，或引起孩子父母的不滿。

14．熟客

注意不要因為熟識而隨意，那會給客人帶來不愉快，因為他可能要在其他客人面前維護自己的面子。

15．萬事通型客人

要善於傾聽。傾聽也是一種服務。

16．虛榮型客人

要親切，避免爭論，謙遜應對，不妨適當地誇一誇客人。

17．熟知外國情況的客人

認真聽取意見、建議，同時應適時提出問題請教他們，他們會非常高興。

18．慷慨型客人

親切，可以適當地勸菜勸酒，並要表現得落落大方。

19．隨便型客人

寫好功能表或其他訂單之後，一定要請客人確認。

20．慢性子客人

引導客人到安靜處，幫助他們選擇商品，表現出親切。

21．猶豫型客人

積極勸告，協助決定，語氣要堅決，給人自信。

22．長坐型客人

親切地告訴客人有他人在等，但應注意態度，要微笑。

23．喜好宣傳飯店型客人

要注意推薦特色服務專案。

24．情人

在餐廳，則宜引入不顯眼處，女士面朝餐廳內堂。服務中以少加干預為宜。

25．家庭型客人

尤其注意對孩子的態度。

26．多向型客人

不能表現出厭煩，遇到不懂的問題可以請教上級。

27．女性客人

飯店的好與不好多是出於她們之口，要特別注意。

28．醉酒客人

不要嘲笑、討厭，不說多餘的話，同時注意他們的安全。

上面介紹了各種不同個性客人的特性及服務人員應注意的要點。儘管飯店的大部分客人是友善的，易於合作的，但即使只有小部分客人特殊，對員工來說，也是一個挑戰自我的機會。

任何時候，只要我們真心理解客人，並能透過我們到位的接待，使他們獲得一次滿意的體驗，那麼，飯店的收益將是雙重的。

三、飯店從業者：危機服務的「操盤手」

基於「理解客人」的八個待客之心

1‧經常努力使客人滿意，並致力於獲得客人的好感。

2‧絕不可以面無表情、冷淡、沉默。

3‧語言、態度要開朗，要創造陽光和親切感。

4‧訂單寫好後要認真的確認，以表達負責精神。

5‧善意、仔細、慎重、準確、親切，是貫穿每一個工作始終的五個「關鍵字」。

6‧任何一個人的失誤，都將影響到團隊中所有人的信用。

7‧任何一個人的成功，都會使整體服務得到好評。

8‧經常反省自己每一次服務的得失。

合格從業者的三個基本能力

本著「給人方便、給人自信、給人歡喜」的服務理念，我們在履行著美好的服務使命。不過，作為危機服務的「操盤手」，我們必須讓自己很「強大」。這個強大的內涵，由三種能力組成：

知識、技能、溝通能力。

知識的範疇非常廣泛，小到飯店「應知應會」，各類資訊、常識、規則、規定，大到社會宏觀經濟學、政治等等。足夠的知識有助於從業者建立起足夠的自信，並能「給人自信」，服務客人。

但只有知識而不實幹，那些知識就是冷知識，沒有價值，所以，要「做」。做什麼、怎樣做、誰來做、何時做、在哪裡做，這五點都瞭若指掌了，就證明你是有技能的人。技能將給自己帶來極大的方便，並能「給人方便」。

最後是溝通能力，藉以建立良好的人際關係。人際關係是任何一項工作運轉的潤滑劑。保持良好的人際關係，並使之獲得發展是群體存在的意義之一。當然，這種特殊群體中的人際關係的創造，必須經每一個成員的努力。企業的人際關係，乃是個體與其工作單位關係的核心。並且，它還與每個成員的家庭環境、日常生活狀態等緊密相關。反過來說，在工作場所中創造一個良好的人際關係，也會對員工人生的各個方面產生影響。它將「給人歡喜」。

精神服務與技術服務的平衡

就廣義上講，服務有精神服務和技術服務之分，合格服務者的一個重要標誌，就是取得兩者之間的平衡。

前者之精神，就如在家裡招待親朋好友，應保持親切、熱情的心態，微笑著迎接每一位客人，並在服務過程中營造輕鬆、愉快的氣氛。後者則是對設施、設備、物品、對象等的精妙而恰到好處的操作技能、技巧。後者因前者而富有靈性，前者因後者而具使用價值。退回來講，沒有前者，若想達到後者目標，便會缺乏內在動力；而後者不精，則常可能心有餘而力不足，影響人的積極性，並必然破壞前者的效果。

所以，二者必須成為完整的一體，就如一輛車上的兩個輪子，缺一不可。服務，常可能因每個客人的興趣、性格、習慣、立場等不同而出現無數次失敗，但正是在這失敗之中，會產生優秀的服務精神，只要努力。

吃「年輕飯」的群體

飯店業因大批年輕人聚集、工作於斯，所以，才成為「日不落」的朝陽產業。很多人致力於打破這個框框，其實大可不必，也不可能。我們要促成吃「年輕飯」的群體的生生不息。同時，作為從業者本身，則應不斷衝破自己目前的能力極限，獲得自覺與發展。

須知，浪費青春，是人生的最大損失。而在飯店工作的每一分每一秒，對一個有為青年而言，都不會是浪費，因為我們已經修得了寬容、謙遜、勤奮、禮貌以及效率、成功的一整套見識。所以，我倒是認為，能有機緣在飯店服務業走一遭，是天大的幸運，該百萬分地珍惜。退一萬步講，即使將來離開飯店業，這一身本領也是千金難買。

學校生活與飯店生活不一樣

　　我認為，當今的大學生、大專科學生乃至高中生，都有必要嘗試一下飯店業的人生。當然，我們看到很多人打了退堂鼓，或遭辭退。什麼原因？大都因為沒有調整好角色。但在飯店服務業，「迅速進入角色」卻是一個剛性要求。怎樣轉變？知識、技能、溝通能力，一個都不能少，都不能慢慢來。當然，前提是要充分認識「飯店人」與「學校人」的不同。

	企業	學校
目的	透過企業發展增進相互的幸福；給其以獲取物質幸福的手段，確立其社會地位。	掌握知識與技能，獲得人格、素質的提高；為成為一個合格的社會人，必須掌握一定的文化知識。
手段	工作——以企業方針為基準，在企業工作中準確地完成業務。	學習——透過上課、寫報告、論文、讀書、自習。
社會責任	工作人員（社會成熟型）——即使是未成年人，也將擔負起社會責任。	學生（社會未成熟型）——即使高齡者，也在其社會性上表現為未成熟型。

人際關係	有上司； 有各年齡層的人； 學歷、知識、經驗不同； 即使退休也可以留用； 人際關係複雜，以合作網路為中心；	有老師； 以同齡人為主； 除老師之外都大同小異； 在校年限十分嚴格； 人際關係單純； 即使一個人學習，別人也不會表示
	自己的行為對全體成員都有影響。	不滿。
生活關係	獲得薪資與獎金； 按員工守則、從業規定行事； 必須在企業規則範圍內行動； 任何行動都以工作為中心。	交付學費； 享有廣泛的自由； 學校是走向社會的演習場，所以，研究活 動被賦予神聖的自由。

三個要素：在幸福環境裡工作

工作的幸福感應來自工作本身。

但沒一項工作會自動生成幸福感，必須透過從業者的親歷親為才能達成。不過，按規定的方法完成規定的任務不是創造幸福感的必由途徑，因為在這樣的環境裡，員工很難出成績，而唯有成績才能實現自我激勵，獲得幸福感。因此，每一個人都需要有一些能出成績的創意，包括不斷補充新知識、學習新技術、身心健康、享受紀律約束、員工之間的愉快互動等。

那麼，能出成績的環境，該是怎樣的環境呢？

1．團隊互助，工作氛圍好

如果每天的工作、生活都能保持一種陽光氣氛，那麼，我們的幸福感就會加倍。這不單純是上司、同事、下級之間的個人關係，尤其在於為實現企業繁榮和進步而促成的積極的團體精神。

2．以創造整個社會的幸福感為己任，有上進心

創造整個社會的幸福感，是我們服務業者的根本使命。沒有這個使命感，我們站不高，看不遠，也不可能有真正的成就，自然也就沒有幸福感了。企業發展，正是這樣一種創造。它最終將推進並鞏固我們自身的社會地位。因此，我們必須傾心盡力。同時，致力於排除那些有害於企業信用的破壞行為。

3．充實自己每一天，腳踏實地

不間斷地努力工作，增長技能，取得成就，是一切幸福感的前提。我們不僅應在工作上追求充實，在業餘生活中也要。兩者是一體，會互相影響。有人喜歡說「工作是工作，生活是生活」，其實是不科學的，換言之，那可能只是某些人想逃避加班或額外工作的藉口而已。

團體精神

我們已經清楚，飯店工作不是一個人便能做成的。它的每一環節的運轉，都要付出幾乎所有同事的共同心血，就如齒輪交錯運行一樣，任何一處出現障礙都會影響整體，甚至造成方向性差誤。

同時，也只有透過這種關聯、協力，每一位從業者的個體價值才能得以發揮，並自覺地履行自己的工作職責，對服務規範產生更加深刻的理解。或許，我們過去不覺得遲到、早退、缺勤等違規行為是大事，但現在不同了，因為我們知道這會影響很多人、很多事，便很自然地能自覺、主動地報告上級，以儘量不給同事找負擔、添麻煩。從此，小事不再是小事。

交接班時的相互聯繫也十分重要。

管理人員更要充分理解部下，透過會議、懇談等形式解決矛盾，促進從業者之間的團結，促成部下的信任，上下一心，完成任務。

公正、平等的意識

服務，是飯店人的根本職責所在。我們是「吃服務飯」的人。因此，提供凝練、格調高雅的服務，即成為一個必然目標。而這樣一個服務的最重要標誌，莫過於對公正、平等精神的體現。

世界是由不同習慣、風俗、語言、宗教等共同組合起來的，我們必須時時面對這樣一些客人，使公正、平等在每一個服務環節中都具有特殊意義。

這也包括同事之間、上下級之間的溝通。

問候、打招呼的基本功

會打招呼、問候的人，往往能更快地適應新環境、新工作。此乃服務工作的基本功，是基礎的基礎。服務的本質，並不在於去赴湯蹈火，完成什麼艱難、巨大的工程，行什麼壯舉，而是要在簡單的一言一行中，透過日常態度，自然地表現我們的禮儀禮貌修養和素質。

準確、迅速、親切的原則

首先，要有準確的知識，比如，飯店賣的香煙品牌、餐廳的開餐時間等等，我們稱之為「應知應會」，是絕不可缺的，這在前邊已經講過。如果可能，儘量豐富。其次，每一個環節的操作，都要體現出訓練有素的面貌。動作要俐落，有節奏，更要有時間觀念。最後是「親切」二字。它所體現的，恰恰是服務的根本——好客意識。但三者缺一不可，它們表現的，仍然與「給人方便、給人自信、給人歡喜」一一對應。

誠實

誠實者常會表現出謙遜，因而，可以避免造成客人的不愉快。

我們都是平凡人，都不知道每天會遇到什麼突發的事情，而在此時，誠心誠意將是我們保持鎮定，並以此獲得客人好評的基本手段。

內在的服務精神，必須透過具體行為表現出來才有意義。反過來說，我們所表現出來的，必須有源自內心的誠實。

服務乃是從誠實之泉中流淌出來的，否則不成其為服務。

微笑

表示歡迎與誠意，微笑是一個根本手段。風塵僕僕的客人會因你的微笑而精神一爽，疲憊頓散。

只有人才會微笑。或可以說，不會微笑的人，是不適合做服務業的。

微笑是萬國語言，可以打通一切種族、宗教之隔閡，獲得一個共識。如果我們能在微笑的基礎之上配以優秀的外語基礎，溝通將錦上添花。所以，要在日下不斷積累技術和語言方面的表現力。

此外，微笑，還是一種益於身心健康的運動。

直率而坦然的微笑，時時體現著人情的溫暖。反過來講，也只有當人與人充滿了人情的溫暖的時候，微笑才會直率而坦然。

清潔、衛生以及員工健康

清潔和衛生，是兩個不同的概念。

清潔，是我們眼睛能觀測到的衛生；衛生，是我們眼睛觀測不到、必須借助儀器才能發現的清潔。

兩者一表一裡，但跟禮貌、高雅的氣質一樣重要。它們將共同在創造環境氣氛中，發揮著重要作用。飯店要不遺餘力地透過自理、自查、互檢，以確保清潔和衛生達標。

這是一項硬工作，來不得半點馬虎。

此外，飯店是勞動力密集場所，對內對外都是人，所以，保健工作十分重要。這也是服務精神的一個具體體現。很多飯店對此不很在意，甚至態度曖昧，如對帶病堅持工作的態度，本不該提倡，卻遲遲不開尊口。

整理、整頓的意識

整理，包括日常用品條理化、區域環境淨化等，即將必要的用品、用具，從美學和實用角度加以擺設、安置。整頓，則是將那些沒必要的、過時的東西清除出去。

我們每天都應有個全新的開始，再有一個完整的結束，那麼，就從整理、整頓開始、結束吧！

此外，這個觀念應用於服務，還將有助於客人節約開支，進而建立起更加緊密的信賴關係。

學習精神

如上，我們概述了危機服務「操盤手」——飯店從業者應具備的基本素質、能力及其努力方向。但我說得到，不等於大家做得到：我晒太陽，你會溫暖嗎？歸根結底，決定權還在每個從業者自己，在於自己是否願意並誠心去努力，當然，也在於飯店是否提供了相應的條件。

往哪個方向努力？學習。在工作中，以使命感鼓動內在的熱情，不斷去瞭解新知識，掌握新技能，專心捉摸、研究工作方法、客人心理，然後，總結出一套具有「自主智慧財產權」的服務方式。這是非常關鍵的。人只有在這樣的過程中，才能取得「貨真價實」的成長。

我們稱這種個人學習意願充足、飯店學習政策配套的組織為「學習型組織」。

學習過程中，「5W1H原則」是一個核心鏈：

When —— 何時？

Where —— 在哪兒？

Who —— 向誰？

What —— 提供什麼服務？

Why —— 為什麼要這樣？

How —— 怎樣提供？

必須創建「學習型組織」，因為我們會遇到各種各樣的客人。

四、危機服務的一般原則

投訴不可避免

即使前述「內部溝通」、「理解客人」、「飯店從業者」危機服務三要素完全具備，我們也不能保障客人不投訴，因為「天有不測風雲」，而「天上的雲，客人的心」，沒人能完全把握住客人所有時刻的情緒。不僅不能把握客人，客觀地講，我們常常連自己的情緒都搞不定。何況，很多投訴的起因都不是單一的。

總之，投訴可以減少，但不可能絕對避免。作為飯店從業者，要首先承認投訴不可避免這個現實。

危機服務圍繞「投訴處理」展開

服務危機大致包括「冷漠反應」、「抱怨」、「投訴」與「訴訟」四種類型，鑒於篇幅所限，本書重點圍繞「投訴」與「訴訟」兩大類主題展開討論，本章只談「投訴」。

為何只談「投訴」，理由有四：

1．「冷漠反應」的處理應納入行銷範疇，即透過進一步的服務磨合來解決。過度強調現場解決的思路，反而會因操之過急而造成欲速則不達的反效果。但「投訴」處理的思路及其影響，將發揮「服務預熱」作用，有助於預防「冷漠反應」再度發生。

2．從危機處理的角度看，「抱怨」性質與「投訴」毫無二致，只是前者程度較輕，但在處理原則與技巧上，完全可以參考「投訴」處理。

3．顯然，「投訴」是「冷漠反應」與「抱怨」的極端表現，所以，從現場處理的角度看，只要把握好「投訴」處理的原則、方法，則另兩者問題將迎刃而解。

4．「訴訟」的內容具有比「投訴」更加極端的特徵，所以，另闢一章專講，但圍繞「訴訟」前前後後的處理方法，仍可參照「投訴」處理的內容。

對待客人投訴的三種態度

我們規定，無論來由如何，飯店對每一個投訴都必須高度重視，徹底調查，分析研究，從而加以改善，盡力做到使客人滿意。具體說，就是對客人的投訴，不拘理由、態度，都應持歡迎的態度，並把處理客人投訴的過程，作為改進管理與服務的最佳機會。

或許，對大部分員工來說，受理客人的投訴不是一件愉快的事。但是，應該認識到，大多數客人是不會輕易前來投訴的，他們通常採取的做法，是在受到不公正的待遇後，做「冷漠反應」，即下次不再選擇這家飯店了。不僅如此，他們還可能把這個不愉快的經歷告訴朋友、親屬、同事。所以，任何忽視客人投訴的做法，都是極其愚蠢的，這樣一些人將會無法適應飯店競爭的環境。

飯店從業者應客觀地、認真地聽取客人意見，儘快採取糾正措施，並同時維護飯店的利益。

這樣的態度，歸納起來可具體為三：

1 · 感激的態度。

2 · 負責的態度。

3 · 客觀的態度。

投訴多是飯店受惠

1 · 設備及服務水準可以獲得衡量。

2 · 所投訴問題與人員比較明確，易幫助我們明確責任。

3 · 改善服務，避免更多類似問題發生。

4 · 改善客人對飯店印象。

5 · 能較有效地提高控制和管理服務品質。

投訴的四種主要類型與應對

無論「冷漠反應」、「抱怨」，還是「投訴」，乃至「訴訟」，其出因都不外乎設備故障、服務態度、服務差錯、異常事件四類。瞭解這些，將有助於我們對處理辦法進行有效的梳理，並有效地展開危機服務。

1．設備故障

客人對飯店設備的投訴，主要集中在通信效率、準確度，電話信號與轉接品質，空調的冷、暖、乾、濕，照明亮度，出水流量、冷熱交換，供電穩定與否，傢俱是否完備、好用，電梯有無故障等問題。

須知，即使飯店建立了一個對各種設備的檢查、維修、保養制度，也只能減少此類問題的發生，而不能保證消除所有設備的潛在問題。

故此，在受理客人關於設備的投訴時，最好的方法是立即去實地檢查，而不是辯駁。然後，根據情況，採取應急措施。

處理妥當之後，服務人員應再次與客人電話聯繫，以確認客人的要求已得到滿足。

2．服務態度不好

客人對員工服務態度的投訴，主要包括言語簡慢、粗魯、無禮、粗聲大氣，或回答客人提問不用心、不專心或不負責，或面部表情冷淡，甚至沒有「表情」，或對客人的問題充耳不聞，或走過客人身邊若無其事，或見到客人愛理不理。還有一個問題，就是過分熱情，讓客人受不了。

服務人員與客人的立場不同、個性迥異，所以，在任何時候，此類投訴都將難以避免。

3．服務出差錯

如服務人員沒有按照先來後到的順序原則提供服務，開房員分錯了房間，郵件未能及時地送給客人，行李無人幫助搬運，總機轉接電話速度很慢，叫醒服務不準時，上菜慢，菜冷等等，都屬於飯店服務差錯方面的投訴。此類投訴，在飯店接待任務繁忙時，尤其容易發生。

減少客人對態度與服務的投訴的最好方法，是加強對服務人員的培訓，大多數服務人員不是有意對客人無禮。有些員工甚至是好心辦壞事，他們往往事先未曾預料到自己的接待服務方式會使客人不滿。因此，對他們進行有關待客的態度、知識、技能的培訓非常重要。

　　4．異常事件

　　無法買到機票、車票，因天氣的原因飛機不能準時起飛，飯店的客房已經訂完等，都屬於常見異常事件的投訴。飯店很難控制此類投訴，但客人希望飯店能夠幫助解決。服務人員應儘量在力所能及的範圍內幫助解決。如實在無能為力，應儘早向客人解釋清楚。只要服務人員的態度通情達理，大部分客人是能諒解的。

　　日常問題與《賓客意見表》

　　飯店的服務者應研究、瞭解客人的基本需要，確定最容易導致客人投訴的環節。只有仔細分析這些最常見的問題，才能預先採取措施，保持高品質的服務，達到減少客人投訴的目的。

　　飯店應主動徵求客人意見，請客人填寫《賓客意見表》，這是較常用的方法。《賓客意見表》上詳列了最容易發生投訴的主要環節，可以此徵求客人對改進服務的意見及建議。

　　《賓客意見表》可以在客人辦理入住登記手續或離店手續時發給客人，也可以放在客房的服務夾內，還可以郵寄給客人。

　　《賓客意見表》對改進飯店的管理與服務具有很高的價值。管理人員應認真閱讀徵求意見表，把客人反映的問題按部門統計、歸類後予以公布，還可以將統計結果與考核、評比，以達到表揚先進，督促後進的目的。

　　飯店應該給填寫《賓客意見表》的客人發一封由總經理署名的致歉信或感謝信。這對改善客人與飯店的關係是很有用的。對於比較嚴重的投訴，飯店的管理人員還應給已離店的客人打電話，以便瞭解詳細的情況，表示管理部門對此事的重視。

　　《賓客意見表》還能造成避免客人在大庭廣眾面前大聲批評飯店的作用。當然，也可以採取其他方法，或與其他方法並用，如檢查值班經理日記、工程或安全保障巡視記錄、大廳副理記錄、面談等。

投訴處理三原則

1. 真誠地幫客人解決問題

客人投訴，說明飯店的管理及服務工作尚有漏洞。服務人員應理解客人的心情，同情客人的處境，滿懷誠意地幫助客人解決問題。

只有遵守真心誠意的幫助客人解決問題的原則，才能贏得客人的好感，才能有助於問題的解決。

2. 絕不與客人爭辯

當客人怒氣衝衝前來投訴時，首先，應該讓客人把話講完，然後對客人的遭遇應表示歉意，還應感謝客人對飯店的關心。當客人情緒激動時，服務人員更應注意禮貌，絕不能與客人爭辯。如果不給客人一個投訴的機會，在客人面前表現出逞強好勝，表面上看來服務人員似乎得勝了，但實際上卻輸了，因為，當客人被證明犯了錯誤時，他下次再也不會光臨這家飯店了。

如果服務人員無法平息客人的怒氣，應請管理人員前來接待客人，解決問題。

3. 不損害飯店的利益

服務人員對客人的投訴進行解答時，必須注意合乎邏輯。不能推卸責任，或隨意貶低他人或其他部門。因為採取這種做法，實際上會使服務人員處於一個相互矛盾的地位，一方面希望飯店的過失能得到客人諒解，另一方面卻在指責飯店的一個組成部分。

其次，除了客人的物品被遺失或損壞外，退款及減少收費不是解決問題的最有效的方法。對於大部分客人的投訴，飯店可以透過面對面的額外服務，以及對客人的關心、體諒、照顧來解決。

五、危機服務的常規流程

客房服務最易被投訴的十點：

1．整理客人房間太遲。

2．服務員不禮貌。

3．服務員索要小費。

4．住客遺留物品無法尋回。

5．房間設備損壞，如淋浴、電視機、衛浴設備等。

6．房間用品不夠充足。

7．住客受到騷擾。

8．房間不夠清潔。

9．室內溫度、濕度調節失靈。

10．淋浴出水量或浴缸水溫不穩定。

餐飲服務最易被投訴的十點

1．出菜遲緩。

2．飯、菜或湯溫度不夠。

3．口味不好。

4．原材料不新鮮。

5．菜的品種單一。

6．服務員態度冷漠，說話不禮貌。

7．服務效率低，不專業。

8．推銷高價酒、菜。

9．廳房安排差錯。

10．服務沒有技巧，弄髒或損壞客人財物。

常見的三類投訴方式

1.電話投訴。

2.致函投訴。

3.向大廳副理、客戶關係主任或現場管理人員投訴。

處理客人電話投訴的十一個要點：

1.認真聽取客人的意見。

2.保持冷靜。在投訴時，客人總是有理的。不要反駁客人的意見，不要與客人爭辯。為了不影響其他客人，最好個別地聽取客人的投訴。

3.表示同情。對客人的感受表示理解，用適當的語言給客人以安慰，如「謝謝您，告訴我這件事」，「對於發生這類事件，我感到很遺憾」，「我完全理解您的心情」等等。因為此時，尚未核對客人的投訴，所以只能對客人表示理解與同情，不能肯定是飯店的過錯。

4.給予特殊的關心。不應該對客人投訴採取「大事化小，小事化了」的態度，應該用「這件事發生在您身上，我感到十分抱歉」之類的語言來表示對投訴客人的特殊的關心。在與客人交談的過程中，注意用姓名來稱呼客人。

5.不轉移目標。把注意力集中在客人提出的問題上，不隨便引申，不歸罪於人，不推卸責任。絕對不能怪罪客人。

6.記錄要點。把客人投訴的要點記錄下來，這樣不但可以使客人講話的速度放慢，緩和客人的情緒，還可以使客人確信，飯店對他反映的問題是重視的。此外，記錄資料可以作為解決問題的根據。

7.把將要採取的措施告訴客人。如有可能，可請客人選擇解決問題的方案或補救措施。絕對不能對客人表示，由於權力有限，無能為力。

8.把解決問題所需要的時間告訴客人。要充分猜想解決問題所需要的時間。最好能告訴客人具體的時間，不含糊其詞。

9.採取行動，解決問題。著手調查，解決問題，並把進展情況告訴客人。

10・檢查落實。與客人保持聯繫，檢查客人的投訴是否已圓滿地解決了。

11・記錄存檔。將整個過程寫成報告，存檔。

運用正確的程式受理客人投訴將有利於改善飯店與客人關係，及時瞭解飯店的不足之處，達到改進與提高管理和服務的目的。

處理客人書面投訴的七個要點：

1・認真閱讀投訴信件，瞭解有關情況。

2・查閱客人歷史檔案，分析有關情況。

3・約見被投訴員工及有關工作人員，瞭解事情的具體經過或設備對象。

4・如客人尚未離店，應儘快與之聯繫，用處理口頭投訴的方法妥善處理客人投訴。

5・若客人已離店，通常由飯店有關部門起草給客人的道歉信，由總經理簽字後及時寄出。事情重大者，由總經理親筆回信。

6・查明真相後，若是員工失職所致，須做出適當紀律及經濟處分。

7・記錄時間、姓名、房號、主要問題及處理方法等，並存檔。

受理面對面投訴的八個要點：

1・任何客人都希望在他跟我們告別前，問題得以處理。要以這樣的心態面對客人。

2・專心傾聽，留意客人表情及所投訴的事情。

3・須表現出熱忱、友善、關心及願意協助。

4・將投訴之事情記錄下來。

5・聽客人投訴時，勿胡亂解釋及中途打斷客人說話。

6・留下姓名、電話號碼，令客人更為安心。

7・誠心誠意地幫助客人解決問題。

8・切忌在公眾場合處理投訴，應帶客人到寧靜、舒適的地方。

處理投訴過程中的八個注意事項：

1 · 不單獨進客房調查問題。

2 · 有些客人愛爭吵，無論飯店如何努力也不能使他們滿意。對於這類客人應採取什麼措施，飯店主管部門應做出明確的決定。

3 · 有些投訴的問題是沒法解決的，如果飯店對客人投訴的問題無能為力，飯店應儘早告知客人，通情達理的客人是會接受的。

4 · 在任何場合，都不要匆匆忙忙做出承諾。

5 · 決不與客人動手，同時避免自己受到人身攻擊。

6 · 對自己不能解決的問題要及時轉交給上級。

7 · 不要轉移目標。

8 · 時刻注意維護並提高客人的自尊心。

六、客我關係管理的五個標準

誰的「聲音」該大

飯店的任何工作，包括危機服務，都不能不緊緊圍繞著創造收入、利潤這個關鍵點來展開，因此，誰的「聲音」大，首先要看誰更接近它。

通常，我們用「全員行銷」來概括這個努力方向，而實現「全員行銷」的直接手段，就是「全員服務」，達成的目標即「經營效益」。

這個邏輯，應是飯店所有「聲音」中的最強音。

內外有別

這裡，我們將飯店的所有部門分為對內、對外服務兩類部門，其中，「對內服務部門」指的是人力資源、培訓、員工事務、財務、採購供應、公關企劃、安全保障、工程維修、綠化、洗衣等以內部顧客（員工）為直接服務對象的部門。這些部門的特徵是不直接創造收入、利潤，但卻可以透過提升服務力度、管理效率與節約開支，創造「內部效益」，並間接實現飯店的「經營效益」目標。

「對外服務部門」則指行銷、前廳、客房、中餐、西餐、酒吧、娛樂、運動、休閒、車務等以外部顧客（消費者）為主要服務對象的部門。這些部門的特徵是直接創造收入、利潤。當然，行銷部是個例外，他們雖不直接創造收入、利潤，卻直接服務內部、外部顧客，故與創收創利直接相關，通常也歸入這裡。

　　所謂「聲音」，就是話語權。

　　那麼，誰的「聲音」應該大呢？

　　我們為此設定了五項裁判標準。

　　1．標準（1）：誰離外部顧客近，誰的「聲音」就大

　　比如，行銷人員根據客人提出要求，請餐飲部馬上更改功能表，餐飲部應積極配合，這時候，行銷人員的「聲音」大於餐飲部。反過來，客戶關係主任在大廳接到來店洽談會議的客人，通知行銷人員到場時，行銷人員應該馬上安排，這時候，客戶關係主任的「聲音」大於行銷人員。

　　再如，行李員及門僮正在為一組客人服務，這時，另一組客人到達，前廳人員、大廳副理或客戶關係主任、門崗執勤的安保人員都在場，是否可以拿「非本職業務」或「我有我的工作」作理由，對此視若無睹呢？當然不可以，而他們應立即協助行李員及門僮替客人做事，並兼顧本職。部門經理必須鼓勵這種工作作風。

　　依此類推。為此，所有人都應練就「接一待二招呼三」的本領。

　　如果大家都忙，則主要責任方要及時報告部門經理，部門經理要權衡輕重緩急，調配資源，迅速解決問題，而不可以「踢皮球」。不過，有些員工寧可「無聲無息」地得罪客人，也不願報告經理或請求同事援助。這個現象必須警惕，因為這是經理自身存在問題的明顯信號。

　　2．標準（2）：外部顧客的「聲音」大於內部顧客

　　比如，客人因臨時需要要求停留在餐廳外的消防通道前，餐廳人員通知安保人員到場，安保人員必須迅速到場，一方面表明專業態度，說服客人，而更重要的，是必須同時為客人安排妥當的位置，解決問題。不可以簡單拒絕，或反過來責備餐廳人員，因為那不是解決問題。

但在這裡，問題常常很嚴重。

一般，在飯店開業初的一兩年時間裡，由於拚奪行銷制高點的熱情高漲，加上各部門內部管理基礎初訂，內外配合的問題不會突出。第三年開始，如果沒有針對性的調整，部門經理的自保意識便可能逐漸增強，地位也相對穩固，從而引發「近視眼綜合症」：偏於固守自己的「安樂窩」，表現在希望「穩定」，尤其是行政人員與業務人員之間的「無形」矛盾開始突出。行政人員越來越想「管理」，甚至不惜拿「臉色」、「規則」、「制度」來維護自己毫無服務意識的「面子」，經理或總監越來越喜歡聽彙報，看資料，而不是在員工中、在客人中解決問題。這時候，他們的心目中已經沒有「服務」，沒有「行銷」了。

所以，非要警惕不可。怎樣警惕？聽明白這句話很關鍵：

「服務意識是被客人罵（培養）出來的」。換言之，沒機會直接遭客人「罵」的人（對內服務部門），通常沒資格去「罵」那些可能直接被客人「罵」的人（對外服務部門）。

試想一想，如果你為外部顧客的問題而去「罵」內部顧客，那麼，你的立場是什麼呢？首先是違背「全員行銷」規則，其次，是對「全員服務」規則的破壞，實質是背叛我們的職業基準。更有甚者，部分經理會說「是他們自己弄錯了」，「是他們為了自己方便」，「是他們自己的過失」，非但不能開發人力資源，簡直是在扼殺。這樣的工作態度是絕對不允許的。

也正因為外部顧客的「聲音」通常要大於內部顧客的「聲音」，所以，我們還可以立一個這樣的規矩：

在業務上，允許對外服務部門的各級經理、員工「聲音」大些，允許他們對內抱怨，發脾氣，瞪眼睛，但對內服務部門的各級經理、員工則不可以，否則，那等於自斷生計—是誰在從客人那裡賺錢養活大家？

如果大家都能做到這一點，結果將意外地走向反面：越來越少有人抱怨，發脾氣，瞪眼睛，代之以智慧與平和，並形成互相尊重的風氣。

3．標準（3）：專業部門的「聲音」大於非本專業部門，但責任也更大

比如，面對一個大型會議專案談判，行銷人員通常更專於客房消費談判，「聲音」要大，而餐飲消費談判的主力，就應該是餐飲部業務人員，要由他們發出「聲音」，行銷人員要主動運用專業資源，而非單打獨鬥。也許

行銷人員會認為自己已經對餐飲很熟悉了，但實際上餐飲的變數最大，昨天的行情跟今天的要求可能就不同，而非本專業部門所掌握的，通常是大概的或以前的常識。

經營業務談判發生歧異，本著「項目盈利最大化」的原則解決。要懂算帳，數位的「聲音」要大。超越授權時，要申請臨時授權或向授權人請示。

其他部門經理涉及相關業務，也一定要透過專業部門來處理，不得擅作主張。即使總經理、總監也不應該破壞這個規則，並不應該有過多干涉，尤其在價格體系上，更不要做專業上的個人英雄，因為不可能也不應該。這個規則，應在飯店授權規則裡明確。

又如事關安全、衛生、員工守則、人事制度、財務紀律等底線的項目，也要遵循這個規則，這時，專業部門應一方面明確地維護本部門專業的權威性（注意，是權威，不是權力），但更要提出合適的建議，解決問題。解決問題才是關鍵，是目的，而簡單地說「不」或大發雷霆以示自己的態度，沒有任何意義，因為它既非「行銷」也非「服務」，即使一次「頂回去了」，也不代表長期解決問題，還是要有「新思路」和「新做法」。

還有些人喜歡現場追究專業責任，其實，這是「專業」的推脫責任，不可取，因為他們沒有心思去解決問題，而只求自己能擺脫責任。

辦法總比問題多，而不善於用盡所有資源解決問題的經理，最好辭職。

當然，專業部門的「聲音」能否真正大得起來，還取決於經理在解決問題過程中所提出建議的有效性以及能否馬上解決問題。不解決問題的「聲音」，即使包含了再多的專業術語，也不是我們需要的「聲音」，頂多是「雜音」，是「噪音」，有百害而無一利。

4·標準（4）：兩個或多個部門面對外部顧客都在忙時，「聲音」相當，故此時應打破流程框框，迅速、靈活地採取「直線工作法」：直接找能夠最快解決問題的部門、人員或自己動手解決問題

比如，行銷人員在接待會議主辦方客人，客人臨時要瞭解晚宴主桌的尺寸，按照流程，他們應向餐飲客戶職位索取尺寸資訊，但正巧該職位業務人員忙，且手頭沒有相關資訊，這時，就應採取「直線工作法」：找尺來測量。誰測量？如果有尺，行銷人員親自測量，或指揮餐飲部人員測量；如果沒尺，就直接找有尺的工程部人員前來合作；過後，將相關資訊存入飯店共用檔案。

又如，餐飲公關部門人員在與客人洽談宴會布置，需要知道新購置的背景板高度，按流程應通知美工組人員測量，或請他們提供高度資訊，但他們也忙，無暇立即協助。怎麼辦？還是參照上邊的「直線工作法」。

　　或如，大廳客戶關係主任迎來客人，通知行銷人員或餐飲公關人員，如果恰逢兩崗位的人都在忙，一時難以抽身，怎麼辦？只能採取「直線工作法」：完成除價格談判之外的所有工作，包括參觀，提供一般性(可公開)資訊、資料，請客人稍事休息，喝茶等等，並與相關職位人員保持聯繫。

　　所以，任何機械地固守流程定義、分工的做法，都將貽誤服務時機，人為地製造矛盾。這時，責任一定在經理，不在員工，因為只有經理才有靈活處置問題的許可權與資源。

　　反過來，相對的責任部門人員也應遵循裁判標準（1）的原則，積極、迅速地回應上一流程人員的要求。如果確實無法抽身，應說明情況，馬上報告經理，請求採取應急措施。

　　任何職位，對客人的每一件事情，都應該以「跑步」的姿態完成，而不是公子哥那樣的四平八穩，更不是小腳婦人的一步三搖。

　　「聲音」對等，也意味著衝突在所難免，但關鍵在事後，雙方部門經理應立即引導大家回到流程上來，對衝突進行調節，溝通資訊，各取所需，形成檔案，以備後續工作的展開。做到這一點的人，才能叫做經理，且經理的指揮與協調能力，往往在此體現，而非拖後一兩天或更久才辦。這類事要經常做，要成為經理的日常工作習慣，且應不拘形式。

　　規範流程的真正意義，不是解決問題，而在於確保「正常狀態」下工作的有條不紊，中規中矩。真正問題出現的時候，都是「非正常狀態」。這時，就應該跳出框框，採取「直線工作法」。不要捨近求遠，不要拐彎抹角，不要覺得那不是自己分內的事。但總有一些部門經理會跟下屬一樣固守規範流程的底線，並以極力維護本部門員工利益為己任，認為「自己下屬按流程辦了，沒錯」，「是別人應該配合」，「這事就應該由別人做」，「是別人的錯」，潛意識中，認為自己多承擔了責任，多做了事就是「吃虧」，他們遵循的是「多一事不如少一事」的明哲保身原則。實際上，這類問題根本沒有對錯，所以，追尋對錯的人，才愚昧之至，是大錯特錯的。

部門經理看似「維護」了小團體、本部門的利益，其實是在破壞飯店「服務」與「行銷」的大局，是在培養自己下屬推脫責任的意識，最後，會使你整個部門都不被認可，都沒有地位，並必然累及經理自己。

　　還有一些經理善於把一些由於「聲音」對等而引發的衝突，簡單上升到狹義的「態度」、「合作精神」的高度，要總經理「評理」，或哄鬧成經理會議的一個內容，經理間爭來吵去，甚至發生經理「投訴」員工的笑話。

　　經理應怎樣解決這類「態度」與「合作精神」問題？

　　先看是不是對待外部顧客，如果是，則立即制止，親自彌補，然後嚴肅批評、教育，依法處理。如果是內部顧客之間，則應該在發現問題當時，當場告訴該同事：「你這樣說（做）不對，應該像我這樣說（做）。」如是率先示範三次，問題必消。

　　對這類問題，任何經理一經發現，都應該管，但不是等到事後再在背後拿出來論說，那已經沒有意義了。該狀況大概能說明三點：其一，經理缺乏現場管理能力，怕管事；其二，是經理沒自信說「我是你的榜樣」，因為自身不夠強；其三，可能是「有閒」。

　　事實也證明，越是忙碌的部門、職位或個體員工，也就越少有閒暇投訴他部門、他人的問題，因為他們知道，那樣做會更麻煩，為此，他們寧願把精力用在跟進、更正上一流程的過失，並檢討有無給下一流程帶去過失等方面，他們知道，這是自救的唯一辦法。

　　作為部門經理，應敏銳地察覺這種不利於團隊工作的氛圍，決不能任其蔓延，否則，一些員工就將因孤獨無助而選擇離開。損失的，仍然是經理。此外，如果經理因同樣問題而離開，那麼，責任就在總經理，也標誌著這個飯店陷入了深層的危機。

　　還有些時候，部門經理為實現同級之間的妥協，或為推脫自己的責任，而不惜犧牲下屬的自尊，這是很卑劣的做法。同樣，一味為下屬護短的行為，也可能是為了推脫自己的責任，也不光彩。

　　面對下屬的錯誤，在經理之間，正確的做法，是說「我錯了，我會改正」，而不是說「都是我的下屬不得力」，或說「我認為我的下屬沒錯」（等於說「我沒錯，是你們有問題」）。除此之外的任何做法，都不能解決問題，而只能擴大問題，使自己成為「麻煩製造者」。

這些經理的共同特點有三。第一，關鍵時候常常不在服務現場，而事後處理問題時才跑出來，憑一面之詞，像「傳話筒」一樣義憤填膺地說事，似乎是非分明，敢把問題拿到桌面上，其實選錯了桌面，他本應在解決問題當時的桌面上這樣做，以迅速解決問題，而不是背後再這樣做。結果，既打擊了別人，也損傷了下屬，還敗壞了部門風氣。

第二，是因為自覺或不自覺地把心思花在爭當「內戰能手」上，所以，一到對外談判，尤其是遭遇客人投訴，就先軟了半截，「割地賠款」了事還沾沾自喜，甚至自己先躲起來。

第三，是平常裡，根本不把精力用在如何「做事」，如完善「全員服務」與「全員行銷」的規則，制定相關制度，或事先關注、預測、發現問題，防患於未然等，而片面地追求所謂的「做好人」──思索他人，著力維護好週邊人際關係，左右逢源，你好我好，得過且過，結果反讓做事的人從心裡看不起：「這個人做人不錯，就是能力有限，做事差了一些。」

此風一起，那些不能左右逢源的做事的人，將被擠走，然後留下一群「關係不錯的人」，等真正的經營危機一來，樹倒猢猻散，自顧不暇。

每一位經理都應深思這樣的問題，要盯住「全員行銷」、「全員服務」這個過程目標，認認真真地發現、培養個性十足的「對外高手」，他們才是飯店成長所迫切需要的人，也是最終真正有能力說明我們實現行銷目標的人。然後，讓那些只懂在自己人身上「使力氣」的人離開隊伍！

5．標準（5）：內部顧客「違規」或外部顧客「無理取鬧」時發出的「聲音」，不符合這裡「聲音」的概念，只能是「雜音」、「噪音」，須依法清除，是為管理。

這個標準，是回應「要不要管理」的呼聲的，也是規定「管理力量」（行政力量）應該如何發力的。當然要管理，但管理不等於絕對的、簡單的控制，而且，「管」是「管事」，是照規範、原則、約定、合約執行；「理」是「理人」，是尊重人，服務人，是開發人力資源，是給人方便，給人自信，給人歡喜。這才是我們的管理概念。如果做反了，堅持去「管人」，那麼，等於視人猶物了，一定費力不討好，因為只有「事」才能納入規範、制度、紀律框架的約束，人是活的，不可能框住的，是「就事論事」，不是「就人論事」。

一些經理不能把握這個規律，反其道而行之，結果在處理問題時事事不順，得不到左右配合；或得不到真心支援，在關鍵時刻得到的是反對票或完全喪失自信，只好以勢壓人，結果適得其反，把角色演砸了，非常苦惱。

　　凡對管理喪失自信的人或過度自信的人，都喜歡生氣、訓人、損人，或自以為是或面對批評故作無所謂的姿態。這些都是不懂管理又自以為是者的做法。何以至此？因為他們喜歡「盯人」，而不善於「盯事」。「盯人」容易發現問題，人無完人，看得不順眼時，找毛病容易極了，容易出成績（或自我滿足）；「盯事」就比較麻煩了，要頭腦冷靜，要分析，要與標準對照，要調整，甚至可能發現錯在自己，所以，不易有成績。因此，經理的這些行為，本質上是趨利避害的自保心態反應，一定要摒棄。否則，作為個人，將激情盡失，毫無創新精神；作為部門，則將生機不再，死氣沉沉。

　　其實，只需換個思維，將「管人」心態調整為嚴格、踏踏實實、一絲不苟的「管事」作風，做到「多管事，多理人，少管人」，給人方便，給人自信，給人歡喜，就可以收到管理效果了。這個管理效果包括規範、制度、流程、機制等得以健全（歸結一點，就是「管事」），人力資源得以開發，員工思維活躍、頭腦充滿想像、創意，富有工作熱情（歸結一點，就是「理人」）。

　　這樣一來，行政式的管理，就將是一件很輕鬆的事情，因為在我們已經描述的幾乎所有飯店業務中，需要「管」的成分，頂多占1/5，其餘4/5是需要「理」的。所以，真功夫不在如何「管」，而在怎樣「理」。

　　由（1）到（5）都能做得到，飯店氛圍即將「非常適合飯店發展」，在這裡，我們將不僅遵循了「全員服務」原則，更對應了「全員行銷」的方向，並將為飯店文化的形成，奠定堅實的、正確的基礎。否則，則永遠不能，並必然從根本上背離人力資源開發的基礎和目標。

　　執行標準中的「管」與「理」

　　「全員服務」的口號容易喊，但真正做到很難，最大的障礙在於行政體制下的「管理意識」，喜歡「管」人，而不是去「理」（服務）人，不是說明下屬解決問題，怎能當好經理！有些人喜歡躲在辦公室裡，拿著電話，一臉的「訓斥」、「告誡」，甚至擺出「我不問理由，只看結果」的神態。其實，只有總經理才有資格這樣做或說，任何下屬這樣做，都是「越權」。

相對於部門經理而言，每一個部門下屬，都是他服務的對象，所以，當部門出現服務品質問題時，經理永遠要當第一責任人，而不能推脫說「這是我部門某某負責的」，或表示自己的「下屬能力有限」，或搪塞說「我回去調查一下」，然後不了了之，甚至找一個推脫責任的理由再殺回來吵架。這樣做，你將有背於作為部門經理的基本品格，是一個不負責任的人。

此外，在任何一個服務現場，只要有客人需要或第一線員工需要幫助，所有在場的飯店人員，應不囿於部門，一起動手，迅速完成工作，而不允許說「這是某某部門的工作，我通知他們來」，或說「我要請示經理」，或說「我也在忙」（能夠有時間說自己很忙的人已經不在忙了，否則他將沒有時間說自己忙）。這時候，應該只有一個「聲音」，並應該是客人的或離客人最近的那個人的。

執行標準中的「上級」與「下屬」

不少經理喜歡這樣「咆哮」（責備）別人：「你一個員工就能給我下通知」，言外的訴求，是「平級溝通」：你的員工有事，應報告經理，再透過經理對經理的溝通來解決問題。這在一般情況下無可厚非，但在解決外部顧客問題的時候，不適合，也不可以，必須嚴格杜絕。

注意，任何外部顧客的事，永遠都是急事。

我們不提倡「辦公室政治」，也不要做「政治人物」，我們的目標是「全員服務」、「全員行銷」。

我們的每一位經理，都應明確授權現場員工利用一切資源解決問題，包括利用總經理、副總經理、總監、部門經理的「面子」資源，他們都是可資員工利用的「服務工具」。要鼓勵他們利用，而不是打擊他們。比如，遇到客人投訴或難纏的客人，一定要報告上級，上級應責無旁貸地出面協助。

經理這樣做的結果，常常會反過來換回員工對經理的珍惜、愛護，他們會更加真心地保護上級。否則，將不僅沒有客人的滿意，也將失去員工的滿意，「全員服務」與「全員行銷」都將成為一句空話，而沒有「全員服務」、「全員行銷」的飯店，將是一個沒有「經營效益」的空殼。

員工不向部門經理求助的原因有三：一是怕見經理，因為不熟或天生膽小；二是對經理某些行為留下的印象不好，覺得他討厭；三是覺得找經理還不如自己解決，找上級更麻煩，或認識到經理根本沒這個能力。所以，作為部門經理，必須順著這三方面，逆向入手，解決自己的問題。

首先，透過親近客人，推動「全員行銷」與「全員服務」，來親近員工，發現、培養員工的工作能力。其次，反省自己的以身作則作用發揮得如何，能否贏得員工信賴與愛戴。最後，是時時刻刻當好員工的「有用幫手」。

如經理參加「宴會預備隊伍」（為應對大型餐飲活動而組織起來的臨時幫忙隊伍）工作，就老老實實地做一回「員工」；不要指手畫腳地指揮別人，不要等客人來時你才來，因為宴會服務在客人到來之前已經開始；也不要等客人一走你就走，把自己等同於客人，因為宴會服務遠沒有結束，而你的作用，可能在專業度要求較低的「準備」與「收尾」工作中更能發揮。

此外，作為職業管理人員，絕不可以把飯店搞成「社區居民委員會」，不允許在飯店的任何一個場所出現「社區居民委員會現象」—議論張長李短。

本來，這不該成為問題，但由於我們有個人好惡，並不能有效地控制情緒，或完全喪失了作為經理的角色意識，就產生了問題。

世間人只有兩種，一種是你喜歡的，一種是你不喜歡的。對喜歡的人愛屋及烏，對不喜歡的人橫豎不順眼，這就是「社區居民委員會現象」的根源。為杜絕該現象，我們應重申一個規則：

在飯店裡的所有時間內，都沒有私事，只有「全員服務」與「全員行銷」。

違背這個規則的人，哪怕只有一次，都將在員工中造成極其惡劣的影響，所以，是可恥的，應深惡痛絕之。

第三章　冷漠反應、抱怨與投訴的由來

一、消除客人抱怨與「治病」

「用心治病」

有句諺語叫「醫者，仁術也」。所謂「仁術」，指的就是富有同情心，幫助別人的行為或方法。例如，醫生並不是要問患者：「你難受嗎？」，「你痛嗎？」，而是要深入對方的內心，表示：「現在一定很疼」，「很難受」。

兩類不同的表述，意義截然不同。前者是事務性的，後者則能深入病患內心，能真切理解病患，病患也將由此而產生一種「醫生理解我苦痛」的信賴與慰藉。

這個例子，跟飯店服務人員處理客人抱怨的思路是相通的。所以說，處理客人的抱怨本身，就是「治病」。

其實，包括飯店管理等諸多企業活動，也應建立在「用心治病」的基礎上，才可能有長遠的建樹。

立足提意見者的立場，深入其內心感受，即能領悟客人內心的想法，真正「摸清」客人想讓我們做什麼、怎樣做。很多時候，找對了問題本身，問題可能就已經解決了一半。換言之，如果我們能根據客人的意見去處理問題，客人的心病也就治癒了。

「癒」字有兩重意思，一是請人用心把病帶走，二是高興、開心。「癒」字很有意思。因此，治癒客人的抱怨，目標應不在消除抱怨，而在乎讓他們愉快、高興。

須知，清淨心出智慧，有智慧才能撥雲見日，令雨過天晴。

飯店經營者應有此心態。

「要和平，不要戰爭」

願意打仗的人，大多是沒有打仗經驗的人的「豪言壯語」，而真正的戰鬥英雄只會說，「要和平，不要戰爭」。對一切反對意見、抱怨的態度也應一樣，要「用心治病」，而不要去對抗、壓制、鎮壓或消滅，因為戰爭不能消滅戰爭，當然，更不能簡單地投降，任人宰割，而是要做一個「用心治病的人」，因為最後勝利的，一定是和平使者。

秦始皇吞併六國，攻無不克，戰無不勝，但最後不免滅亡，留下一片悲涼。反過來說佛陀，他不求戰勝任何人，卻也從未被任何人所戰勝，並在兩千餘年間，成為主宰十數億人民的心主。

這是我們尋求處理客人（包括外部消費者和內部員工）抱怨的基本方向。

二、如何看待客人的抱怨

面對客人的抱怨

對於「抱怨」，商家們都沒好印象。

受此影響，我們腦海中將總是聯想起「沒面子」、「做糟了」、「麻煩了」，進而蒙上一層負面的陰霾，愁眉不展，甚至要祈禱上天，保佑自己能有朝一日不被來自上司或客人的意見所煩惱。而現實中，服務人員也確實常常進退兩難，處理客人抱怨不給力，客人會更加生氣；因想穩妥地處理客人抱怨而做了一些不必要的事，又會挨經理的罵。

對客人的不滿，要弦外聽音

客人的不滿，不可簡單地理解為「怨言」，它有著更加豐富的內容，如：

1．出於「抱怨」的不滿：為什麼這樣對待我？

2．出於「提議」的不滿：要是這樣做就好了。

3．出於「不平」的不滿：為什麼不是這樣？

4．似乎沒有不滿的不滿：這可幫了我的大忙......

視客人不滿為提升服務之契機

為避免類似問題的再次發生，我們可以把每一次與客人的糾紛或被表揚，都記錄在案，並建立可供閱覽的「賓客意見箱」系統。所記錄的這些資訊，大都能成為日後靈活高效地處理客人抱怨的「百寶囊」，更重要的是，會使飯店從業者對客人不滿的認識發生根本轉變，即把來自客人的不滿，理解為提升服務品質的契機。

處理抱怨能帶來六個「禮物」

飯店必須靠員工隨機應變能力來處理麻煩，這不光是為了飯店，也是為了自己，因為我們每個人都可以從中得到六個「禮物」：

1．服務品質得到提升，自信、品味都可能提升。

2．客人滿意，工作充滿陽光。

3．商機增加，大家都高興。

4．員工自身的人際交往能力獲得培養，受用無窮。

5．曾遭破壞的人際關係得以修復，無毒一身輕。

6．處理問題的高手將獲得團隊的信賴，有望獲得更多的晉升機會。

無論在哪些場合，處理好客人的抱怨都是非常重要的，因為這些不滿將永存於一切有人的地方。既然沒有真空，就不要幻想躲避。

三、世上沒有完美的服務

抱怨不能避免

世間不存在完美的服務，就是說，客我糾紛不可避免。

事實正是這樣：飯店裡沒有一天不發生糾紛的，無論你多麼用心，力求提供多麼完美的服務，都不可能從所有客人那裡得到百分之百的滿意。

這是因為飯店裡的所有服務評價，依賴於人與人的交往所形成的特殊關係。

人不可避免地會犯「錯誤」，客人會，服務員也會。如在餐廳或咖啡

廳，服務員不小心把桌子上的杯子打翻，水飛濺到客人身上，客人也許會大為光火。

「飛濺」的「錯誤」當然全在飯店。這原因很明瞭，因此，處理起來也大都得心應手，如迅速向客人道歉，同時，幫助客人把衣服弄乾，再確認是否弄髒。客人如果有時間的話，就讓客人換換衣服，在客人等待期間，把衣服拿到洗衣房清洗，儘量洗的和客人來飯店時一樣乾淨。偶爾，如果沒能洗的和原來一樣乾淨的話，向客人送上一些表示歉意的小禮品。

但也有時候，情況不這麼簡單，比如遇到下面這種情況，該怎麼辦？

一位客人投訴說，客房服務生的態度很差。差在哪裡？他說，服務生送餐到客房，卻一言不發，只盯著桌了，你們的培訓很有問題，我覺得他是要偷看我放在桌上的公司文件。

事情不大，但很麻煩。

人的情緒如大海，有時平靜有時洶湧

對客房服務，90%的客人都會說，要「安靜、迅速、周到」，而偷看檔案的可能性，幾乎不在說法裡。但仍可能有10%的客人懷疑服務員「表面畢恭畢敬，內心卻根本瞧不起自己」，並由此而對服務產生不滿。

不滿的原因，還會隨著客人當天情緒變化而起伏不定。十次同樣的服務，九次客人都會表現出很滿意，但因為夫妻吵架或者是工作勞累、心情焦躁等原因，這一次就表現出極度的不滿，讓人莫名其妙。

服務的對象既然是人，其感情、情緒就不可能是死水一潭，這是規律，如大海有起伏一樣的規律。所以，不要說什麼方法是絕對正確的，服務無定法。至於服務規範，也頂多只能減少客人的不滿，而不能根除。

如果我們不能認識到這一點，則對客人抱怨的處理，將是火上澆油，壞上加壞。

四、抱怨，在訴說客人的需要

服務沒有定法

服務沒有定法，因此，立足變化做準備工作，將是危機服務的根本所在。

人的抱怨，如大海之於波濤，隨時隨地可能發生。同時，不滿亦將因客人的不同，或客人的不同時候，而大有不同，如果不能理解發生不滿的必然性，就不能夠很好的處理糾紛。

飯店不僅提供物的服務，還要同時提供那些眼睛看不見，卻能夠滿足客人精神需要的服務。

而「精神服務」，或提供者，或接受者，各有其「神主」，所以，千差萬別，瞬息萬變。唯一的勝算，只有在儘量完美的「對話」之中，即只有當提供服務的一邊和接受服務的一邊，達成心靈的共鳴，情緒的和諧，才可能產生感動或滿足感。

換言之，「精神服務」沒有定法。由於服務沒有定法，一些時候，自覺已提供了很好的服務，卻還是與接受服務的客人發生了「意想不到」的摩擦，覺得十分「委屈」。

其實，還是服務的功夫沒有修煉到位。

關注個性，創造滿意

在飯店裡，有時甚至會為一句寒暄而引發客人的抱怨。

早上，在咖啡廳，是說「早上好」呢？還是道「你好」呢？當然應該說「早上好」才順啊。但偏偏有例外。

一位作家，因截稿期迫近，為完成稿子，就在飯店裡包房居住了很長一段時間。這位先生的生活方式很怪，是晚上開始工作一直寫到早上，然後到咖啡廳吃一些簡單的早餐，再在白天睡一小會兒。有時候，他就告訴服務員：「我馬上就要睡覺了，你還對我說早上好，覺得不是很愉快，希望以後說些別的，好嗎？！」

從這裡，我們可以推導出一個模式：客人滿意（CS）不等於個人滿意（PS），也是規範服務不同於個性服務。「CS」如「早上好」，當然不會讓多數客人不滿，但還是有少數客人不以為然，覺得你是在敷衍。「PS」不同，如對作家的問話就可以調整為「哇，您一直工作到早上啊，實在佩服，您太辛苦了……」這會讓客人心中一暖，覺得有了知音。

時時以個人滿意（PS）為目標

心中要有作為「個人」的、鮮活的、有特點的「那個客人」，而不是一個籠統的「客人」概念。

如果上述案例中，那位服務員在對客人道歉的同時，又表示了感謝，說：「非常感謝您的建議。請允許我把您的建議作為教材，讓我們的每一位員工都認真思考一下服務的本質到底是什麼。」客人可能轉嗔為喜。因為這適合他當前的身分和心情。

在這裡，我們應該重新考慮上述的老問題：問「早上好」，真能帶來客人的不愉快嗎？問總比不問好吧？答案不盡然。不恰當的問候，客人很可能不愉快。

我們的觀念要調整，調整到「時時以個人滿意（PS）為目標」上來。

深入到每位客人內心深處的服務，就是在創造「個人滿足」（PS）。

五、人們為什麼要住飯店

飯店是「H」的場所

「H」和飯店起源有很大關係，並且是一個宗教詞彙的第一個字母。

首先，「H」是HOTEL（飯店）的「H」，而它源於HUMAN（人）與宗教意義上的HOSPITALE（提供慰問的地方）。《聖經》說「請誠懇地招待旅行在外的人們」，就是說，在外生活的旅人既沒有房子也沒有家人在旁邊，他們處在一個弱勢立場上，所以，要給他們安慰和幫助，於是，產生了給他們「提供一個可以睡覺的地方」以為慰問的想法，並漸漸地發展成現在的HOTEL（飯店）。

顯然，先要保證「提供慰問的地方」，這是「地點決定論」的發源。然後，引申到「硬體決定論」，即設施設備裝修等的保證。再後來，就發展為慇勤好客之意，即「精神服務的保證」，進而，令服務業進入了全新的層次和領域——以舒適的環境接待客人，成為飯店服務的基本。

由此看來，和飯店相關的詞全都以「H」為第一個字母，所以，我們可以說，飯店是「H」的地方。

在飯店裡做什麼：需求模式因人而異

在向飯店支付規定的費用後，客人便擁有了合情合理合法的「隨心所欲」的權利。我們試著歸納這些需求，發現以下八點：

1. 集中精力工作。

2. 作為特殊的紀念日，活動一下。

3. 和朋友悠閒地聊天。

4. 充分放鬆自己。

5. 好好地睡一覺，休息好。

6. 充分地享受美食和美景。

7. 體驗一下與平日截然不同的生活，換一種「活法」。

8. 激發、創造一個「豐富多彩」的心情。

這八點，同時也將是我們服務的著眼點，我們應以積極的心態和工作，去適應每位客人的不同需求，提供能力所及、細緻入微的幫助。

　　這既是飯店服務員的任務，也是責任所在。

　　當服務員認真而優雅地處理（解決或避免）了每位客人各不相同的抱怨之際，便已經同時創造了令客人滿意的對話基礎，順勢而下，客人將成為飯店的「俘虜」。

六、來自環境氛圍的抱怨

客人不滿與員工不滿，多發於餐廳

不滿，泛指冷漠反應、抱怨與投訴等諸種反應。

員工的竊竊私語，常常會引起客人不快，而這些情況，常常集中發生在飯店的某個餐廳或咖啡廳。

那裡的管理人員沒有培訓？

沒有督導？

這類職位本身有特殊性？

……

任何時候，經理都不會忘記提醒員工「把精力集中到服務上」，於是，令人費解。

一位客人的留言這樣寫道：

「員工不關注我們，只顧竊竊私語，偶爾還會笑出來。看到這種情形，我很不舒服，難道他們是在評價我的服裝？或是說我的衣帽不妥？我一下子不安起來，檢查了自己好幾遍。」

針對此事，經理深入現場瞭解情況，員工紛紛表示：「沒有竊竊私語，沒有議論客人，我們只是進行一些工作的溝通。」最終，大家普遍認為「那個客人神經過敏」，同時，心裡也產生了一點點的不舒服。

環境裝修設計有問題

雙方都不舒服，問題在哪裡呢？

問題出在餐廳和咖啡廳的環境設計上：從各個座位來看，有時會出現員工背對客人的現象，他們的表情根本不能被幾個座位上的客人看見，而另一些座位則處於與員工面對面的角度。

雖然這個店的裝修是半年前才完成的，但新環境設計中偏偏忽略了關鍵點。

當然，我們可以說設計的責任不在員工，但使用者卻是員工。因此，站在客人的立場上來看，還是員工欠缺對話意識與方法。

客人「看到的」與員工所「說的」不一樣

客人對員工的接待方式，非常在意，有時甚至達到敏感的程度，而他們一旦注意，問題將肯定出現。

員工說：「三號桌的餐具收了嗎？」「啊！還沒有，我馬上去。」

客人會聽到完全不同的聲音，他們認為員工在講：「買明天主場的足球比賽票嗎？」「不買了，中國球隊不行，這次放棄。」

知道原因了嗎？原來就是這樣，而且，將永遠如此。於是，解決方案也有了：

1．避免竊竊私語。

2．有意識地、多次出現在客人的視線內。

3．經理要注意提醒、培訓員工如何避免客人的誤解。

4．工作溝通時儘可能使用簡短的語言。

5．不能長時間背對客人，不讓客人看見表情是很不禮貌的。

6．儘量減少員工之間互相對視，而將視線集中於客人的方向。

因為客人聽不到員工的對話，所以，他們所識別的是體態語言。顯然，我們所應對的，也只能是體態語言。

七、收費標準帶來抱怨

客人價格投訴

一位客人在大廳發洩對飯店價格的抱怨。經詳細詢問，發現客人的問題是「我多次透過旅行社訂房住在你們的飯店，但這次的費用特別高。為什麼？我住的是同樣標準房，你們就應該給我跟從前同樣的價！不對嗎？」

價格競爭被誤導為態度競爭

收費標準，在一些客人看來就是一種態度，因此，發生抱怨也就在所難免。

其實，這個抱怨與其他態度抱怨有很大差別，與其說是抱怨於別人的態度，不如說是自己要求得不到滿足的一種「落差」所造成的「情緒激盪」。

這可能是世間最普遍的一種抱怨了。但儘管如此，我們仍不能不重視。

社會的成熟或經歷長時間經濟蕭條，都會促成一般消費者束緊錢包繩子的潛意識，而在商家也一樣，虧本的買賣誰去做呢？

同時，隨著大環境的經濟狀況持續走高，新的飯店一家家開業，各飯店之間的價格競爭也自然到了白熱化程度，這進一步抬升了客人議價的能力。因此，當一家飯店沒有打折或折扣較小的時候，客人就會認為你「不夠有誠意」，遂將價格問題引向了態度問題，使問題複雜化。

當然，再複雜的問題，只要明白了原因，就會有答案：每隔一段時間就推出一些促銷方案好了。

靈活定價

對其他飯店針對價格的「特別服務」，我們當然要有自我保護措施。為此，在定價方面要靈活多變。這樣的定價策略不是新措施。經營淡旺季，就大有文章可做。飯店的景觀也是制定差別定價的一個因素，「好景壞景一個樣，不是態度問題是什麼？」還有週末價和平時價，一般客人價與常客價......算起來，除了因為房間數量少，或是客人固定等情況之外，以完全櫃檯價模式提供服務的飯店，幾乎為零。

在這裡要提醒大家，折扣許可權一定要下放給櫃臺員工，而不是上級經理，否則就不是真正意義上的靈活。因為上級經理通常都離現場客人很遠。上級經理更多要把握的是授權控制，如合作企業價、信用卡公司價、旅行社價、航空公司價的制定與遵守等一些原則問題。

答應降價，還是堅持原則？

如前例，是答應降價還是堅持原則？向客人解釋現在和前些日子的情況不一樣，客人還是不能接受。反之，若輕易答應降價要求，不僅不能提升飯店利益，而且對別的客人將進一步失去價格信用和說服力。

對這類抱怨，通常以不同意降價為原則，透過值班經理的真誠解釋（類似於軟磨硬泡）達到求得客人理解。這時候，要仔細講述飯店設施的特殊性。例如，向客人解釋，無論十人住還是五百人住，飯店都必須提供同樣的服務，而不能說十人住就停止供暖、不贈送拖鞋，而且，事關客人生命安全的防災設施，哪怕只有一位客人住，甚或沒人住，都一點不能鬆懈。因此，千萬不要順著客人「有人住總比沒人住強」的話題扯下去。

客人眼中的「人的服務」與「物的服務」

「人的服務」，指飯店策劃、組織並透過促銷、廣告等形式傳達的，以愉悅客人、滿足其精神需要為目的的各種活動。

「物的服務」，指的是生產、組裝零件，並透過內包裝以及提供修理方便，能使客人得到實在的「東西」的活動。

飯店的服務，貫穿始終的是「人的服務」，一部分配以「物的服務」，如飲食品、商場物品等，且客人的基本著眼點，始終是「人的服務」。有客人評價說，「飯店的東西就是貴，但我們還是要去，因為在那裡請客有面子」，正道出了其中奧祕。

卻也正因飯店服務沒有具體形狀，所以，要定出一個令所有客人都能「直觀認可」的價格很難，所以，一旦有一次打折，再想恢復到原來的價格，會不被理解。

或者說，根據淡旺季變化，航空公司和一些物流企業也會調整價格，但對飯店而言，比較麻煩的一點是在客人登記入住時並不是付清所有費用。因此，在消費環節終了（結帳時），客人覺得費用不能接受時，有人甚至會「逃帳」（不辦理退房手續而離開飯店）。

為減少「逃帳」風險，安全防範當然要做，但畢竟是下策，唯有透過全體員工的齊心協力，始終堅持給客人提供最優質的服務，才是正道。

八、沒有品味與特色也會引發抱怨

一件小事裡藏著的玄機

在飯店中餐廳，客人點了一份滷麵。

一會兒，一位服務員道一聲「打擾了」，將一大碗公放到餐桌上。碗很大，也可能很重，往下放時，員工卡著碗的手指眼看就要觸到湯汁裡了（當然還差一點）。客人心裡很不舒服，覺得這碗麵不乾淨，臉上也就顯出不高興的樣子。

是服務不好？

是這碗麵真的不乾淨？

還是別的什麼原因？

期待品味與特色

抱怨發生的原因，看上去很單純，我們一般人也這樣認為：不至於因此就不高興吧？

其實就是「因此」──「大碗公」、「手指眼看就要觸到湯汁裡了」。但客人潛意識中，卻有一種藏在深層沒有說出來的心理：期待品味與特色。

客人是為沒有品味與特色而不高興，只是他自己也不見得知道罷了。

這就是玄機。

同樣的「大碗公」，同樣的「手指眼看就要觸到湯汁裡了」，如果事情發生在路邊攤，客人會抱怨嗎？大概不會。問題在於飯店不是路邊攤，而客人對兩者的服務期待，有著本質上的區別。

當然，這個區別不是價格問題，而是在客人心中，飯店裡的「滷麵服務」（不是「滷麵」）就應該有飯店的品味（不允許「手指眼看就要觸到湯汁裡了」）、特色（不該是「大碗公」）。所以，是我們的服務不符合客人的期待，並因此而引發客人看似「莫名其妙」的不滿。

反過來，人們一旦享受到了符合身分，或能提升身分（品味），而別處又沒有的服務（特色）時，就會有一種感動。而一旦體味到內心的感動，再次有機會的話，他會期待重溫那種感動。

好的服務，就是激發客人內心的感動。

感動創造品味，卻是一條不進則退的路

反過來，正是這個員工給客人的感動，創造著飯店的品味，使客人感受到一種「團體身分」，讓他置身其中，就覺得與眾不同。

當然，與此同時，客人對飯店的期待也會不斷的提高。所以，一旦留給客人與期待相反的「退步了」，或「沒有印像那麼好」，或「沒有進步」的印象，就很容易產生抱怨。所以，好的服務正如不進則退的逆水行舟。

為此，專用的托盤，廚師精心烹製的獨特味道，熱茶、熱毛巾、餐巾紙、口布，熱情而得體的問好等等，便成為種種「烘托」氛圍的必要的「道具」。同時，我們還要拓展新品，觸動客人新的感動點。

如果這些都做到了，就說明我們不僅為客人奉上了美味，提供了周到的服務，同時，也奉獻了品味和特色。如果這時客人還抱怨「太貴了」，就只能怪客人自己了。

九、新生事物隱含著糾紛因數

　　一家中式飯店的宴會廳將被裝修成歐式風格的，而其經營目標卻是中餐。這是一個極其大膽的嘗試。但這個嘗試從一開始就飽受批評，中國人的理由很簡單：中國文化應表現在中式裝飾裡，否則，將不倫不類。外國人的理由一樣簡單：我們當然希望在中國文化氛圍裡用中餐。大多數人的聲音都傾向於維護「特色」與「品味」，並堅持認為，只有繼承和尊重中國文化的傳統之美才可取。

　　這可以說是中餐之幸。但由此而來的抱怨，或內或外，都將在所難免。

　　不過，只要有反對的，一定就有支援的，他們或可能是「新生代客人」，換言之，飯店可以借此創造出一批新的支持者。他們可能說，中式裝潢滿街都是，到一個特別的地方吃中餐不是更加別緻嗎？或說，有什麼不好的呢？

　　不要讓抱怨變成革新者背上的十字架，因為沒有創新、創意，同樣會招致非議。

十、「冷漠反應」最可怕

　　帶著抱怨離開的客人

　　為更好地處理抱怨，我們應首先弄清抱怨的實質，因為有些抱怨的理由，不是表面看到的那樣。而對於飯店經營者而言，滿意和不滿意，向來是一枚硬幣的兩面，有此故有彼，無論碰到哪個關節，都可能引發抱怨，這跟提供服務方有沒有過失無關。

　　唯一的方法，是因地制宜地處理客人的抱怨。對那種「不講出來的抱怨」，尤其必要：他們顯得很有修養，表面上沒有任何意見，離開時也平平靜靜，但心裡卻充滿不滿，並發誓再也不來這裡了。

　　對飯店來說，這類客人最為「恐怖」。

　　在自己家裡發生火災，如果不能在自己的家裡將它熄滅，則其危害將不僅在家裡，也會在外邊，後患嚴重。

心藏抱怨而離開的客人，誰能保證他在別的時候、別的場合不再說起他心中的不滿呢？這樣，抱怨就可能透過他的親朋好友不斷地擴散開去。而一旦影響惡劣的流言散布開來，要想消除都困難，更多的行銷努力也將事倍功半，甚至得不償失。

為防止這種事態的發生，我們必須傾聽和不斷收集每一位客人藏在心中的抱怨。

「引出」抱怨之處

把第一次光顧的客人「搞定」非常關鍵，當然是要透過提供最好的服務，如此才可以把他們變成「回頭客」飯店也才能生意興隆。

為此，飯店在日常經營中，應注意將短期住宿客人和老客人區分開來。有些飯店為連續住宿三天的客人提供甜點和水果，以示區分，目的即在於變短期客為回頭客。

但如果因此而忽視了對短期住客的照顧和關心，會不會影響將來回頭客數量的增長呢？當然會。其實，只有讓短期客也滿意而歸才是最重要的。

因此，飯店要建立主動詢問的機制，如設立「客人日記」，每一位員工都有一個本子，專門記錄客人意見，定期整理，就是一個好辦法。問一問：

「您看我們有什麼不足之處？」

「您滿意我們的服務嗎？」

「您有什麼建議，我很想聽到。」

這種積極向客人詢問意見的工作態度很重要。而實際上，這種詢問本身就是一種服務，或者說是一種態度。

也可以設計一些固定格式的表格來徵詢客人的意見，如下面的樣式：

詢問意見的調查表

非常感謝您光臨我們飯店，請留下您對我們飯店的意見！

■接待客人的態度

迎賓　　　　　　好　一般　　差

鈴聲服務　　　　好　一般　　差

服務櫃臺　　　　好　一般　　差

電梯服務生　　　好　一般　　差

負責人　　　　　好　一般　　差

■客房、餐廳及酒吧裡

關於服務

房間服務　　　　好　一般　　差

酒吧　　　　　　好　一般　　差

餐廳　　　　　　好　一般　　差

關於飯菜的味道

■如果還有別的意見，請您告訴我們

　　或設置賓客意見箱，或公布投訴信箱，或設大廳副理，或專門實施賓客滿意度調查制度，都是出於這樣的目的。在客人有時間的情況下，和客人聊聊也可以，都能「引出」他們原本隱藏起來的抱怨。

　　再看一個例子

　　這是一個客人索賠糾紛

　　一天，客人一家子來向大廳值班經理投訴。他們一家人來飯店吃飯，然後，順便在飯店拱廊照相館拍了紀念照。之後，他們拿到了那家照相館洗印出來的照片。先生說，他發現當天妻子穿的衣服上的飾品，沒有被清晰顯示出來。「這能算是好的服務嗎？」

　　抱怨就這樣產生了。

　　從法律上講，飯店方面是沒有任何責任的，一般情況下，經理只可要求照相館與客人之間直接協商就可以了。不過，為了息事寧人，大廳經理還是退一步，說：既然如此，我請照相館重新洗照片，如何？然而，客人一家找理由拒絕了這樣做。

　　仔細考慮事件的全過程，大廳副理明白了：他們的動機，其實只是為了索賠。

　　於是，飯店方面決定強硬起來。大廳經理明明白白地告訴客人：飯店在這件事上，不負任何責任。拒絕了他的要求。

　　最初，客人還要求總經理出面解決問題，吵吵鬧鬧，糾纏很長時間，最後，終於放棄了要求，離開了飯店。

第四章 飯店危機服務基本技巧

一、聽客人把話講完

別打斷客人講話

處理抱怨的第一大原則，是傾聽對方意見和抱怨。傾聽，體現的是飯店人的基本工作能力。

有人會覺得這很簡單。但能真正站到對方角度，一邊體會對方的心思，一邊從頭到尾認真地聽取客人抱怨的人，其實少之又少。

我們觀察到，一般的投訴處理者，都是表面謙恭在聽取，內心則在想，「飯店的制度是這樣的，我也沒有辦法」，或者「這個問題不是我負責」等等，於是，總是躍躍欲試地想打斷對方的講話。這樣的員工很多。

更不要說「不好意思，打斷一下」，性質一樣，而且行事方式更加惡劣，因為我們自己往往因此而覺得自己很有禮貌，從而忽略了問題的實質，埋下了深層的隱患。而且，大部分客人對此尤為反感，結果只能火上澆油，加劇了問題處理的難度。

這不是誇大其詞。

我不是經理

客人不知道飯店裡的經理是誰，因此，會抓住身邊任何一位員工，來表達他的抱怨。

如果你是餐廳服務員，在通道上被住宿客人叫住。他生氣地告訴你，「你們沒有注意到房間的窗戶上有灰塵嗎？我的襯衫都被弄髒了，飯店方面打算怎麼辦？」

你該怎麼辦？

看到客人不依不饒，打持久戰的樣子，你該怎麼辦？是說「不好意思，我是餐廳服務員」（潛臺詞：客房的事情由客房服務生處理，不關我事），還是說「您稍等，我給您聯繫負責人」（潛臺詞：我不是經理，管不著）。

顯然，兩種回答都違背了處理問題的第一大原則。

不論怎樣，都應該先道歉，然後，再和客人一同找值班經理那裡去。即使不是自己負責，對客人來講，你也是這家飯店的員工，這一點是不可否認的。

問題還是出在沒有把握住「設身處地為客人著想」這一基本點上。不能換位思考，那麼，客人將不會再來這家飯店，或許你將聽不到他的抱怨，但你也將失去他的消費。

有抱怨的客人，是不願意聽任何藉口的。

實事求是，關鍵是求實

傾聽客人意見直至最後，是巧妙處理抱怨的第一步，而且，站在對方立場上聽取意見這一點很重要。

在飯店服務品質分析會上，員工這樣描述了對那位抱怨襯衫被弄髒問題的處理經過：

「我發現，那位客人大概馬上要參加一個重要會議，現在休息室裡吸煙休息，看樣子，似乎神經高度緊張。並且，從他的外表來看，應該是這次會議的主角之一，所以，我判斷他肯定有話要說，於是，主動迎上去……」

這是一個很好的宣講。僅此一點，他就可能「看」到客人抱怨的理由及對飯店設施不到位之處的點評。同時，這更是一個好的態度：求實——找到事情的根本，而不是被動等待或視若無睹。

找到了問題，就找到了處理問題的途徑。

在對實際情況進行了準確的判斷之後，那扇解決問題的大門，也霍然打開，方法已經在那裡了。所以，態度非常關鍵。

這位員工繼續講道：

「……於是，我知道了問題所在，馬上跟客房經理取得了聯繫，然後，問客人有多長時間等待，並提供了兩個解決方案：有時間，則為客人快速清洗熨燙；時間短促，則把客人帶到飯店更衣室，借他一件飯店準備好的襯衫。最後，客人挺滿意，說，謝謝你，我會後再送洗吧，但還是謝謝你的服務。問題圓滿解決了。我也很高興。我想，我也沒做什麼服務啊！但反過來

想，如果我當時說我不是經理，所以無法負責，情況將大大不同。即使不是經理，我們也能為客人做一些事情。」

在這個答案中，我們找到了化干戈為玉帛，變抱怨為需求，再變需求為服務，再透過服務讓客人滿意的「快速通道」。

據說，那位客人在下一次選擇飯店時，又想到了這件事，並成為這裡的常客。

聽取意見的三原則

客人的抱怨，其實是改進飯店服務的苦口良藥。

因此，我們不能不慎之又慎地把握以下三點：

1．態度：不打斷對方，傾聽至最後。

2．求實：調整自己的心態，站在客人的立場上，判斷當時的情況。

3．主動：體察客人的需求，並就需求提出自己的解決方案，供客人選擇。

大多數情況下，客人不會無理取鬧，所以，要以常識性思維來考慮問題，不要狹隘地認為客人在無理取鬧。而一般的抱怨，都產生於客人對期望的品味與特色的落空。這當然不能說是服務員有什麼錯誤，但關鍵在於不能糾纏在對錯上，否則就沒有餘地了。即使覺得自己沒有錯，如果有助於提升服務，能使客人更滿意的話，也要積極聽取，積極處理，這才是正確的服務之路。

二、讓客人吐露「真情」

怎樣傳達誠意

傳達誠意不是一個說一個聽的過程，而是一種氛圍的創造過程，就是用心與心去對話。

嬰兒不懂的語言表達，但會哭，母親也不必用語言詢問，而只需傾聽，就能聽出問題所在，是餓了，還是睏了，還是別的。

這叫用心。

所以，上邊提到的傾聽三原則，實際上，就是要創造一個讓客人暢所欲言、感受誠意的環境。如果在這一點上失敗，那麼，原本簡單的問題就可能轉化為嚴重問題了。

一個沒有誠意的行動

一位客人向值班經理抱怨一位員工的行為：

「你們的一位員工跟我擦肩而過，我很熱心地提醒說，小姐，你看那裡有垃圾。因為我發現走廊上有垃圾，很不雅。你們的員工只是『嗯』了一下，什麼都沒講，把垃圾撿起來，就走了。我覺得她忽略了我的誠意，我很不愉快。」

值班經理直接向當事員工確認此事件，員工很認真地回答道：

「我覺得被客人指出問題，心裡很歉疚，就急著去採取行動，想用這個行動來感謝客人。」

顯然，這位員工的態度，是不夠專業的。感到有歉意，如果不在面對客人的時候很好地傳達，其實，一點意義都沒有。因為在客人看來，員工是在做「自我保護」，那種態度完全寫在員工緊張的表情與動作上，客人對有品味、特色的對話的期待，一下子落空了，並因此而產生抱怨。

表達誠意的六個基本姿態

聽取客人意見的時候，無論對方是站著，還是坐著，飯店人員都應該站著。注意，不要表現出緊張感，要有柔和的表情，還要給客人送去誠摯的目光。不要有絲毫看不起對方的表情，還一定要抱著聽完客人所有講話的恭敬態度。

當然，也不是說一定要拘泥於死板的規定，例如，和喜歡自己的老客人，有時候以親密的態度及言辭就能夠有效解決問題。但在處理抱怨的時候，僅用親密的言辭，不是上策，很容易被別人說成「不把客人當客人」，所以，該認真的時候必須認真，因為客人是認真的。為此，我們歸納出表達誠意的六個基本姿態：

1‧保持直立的姿勢。

2‧自然，不要顯示出緊張感。

3．用誠懇的目光說話。

4．柔和的面部表情。

5．配以輕微的手勢。

6．絕不打斷客人講話。

三、不要一個人面對抱怨的客人

和客人之間劃一條線

在飯店，跟客人搞好關係是很必要的。但有一點要明白，那就是在客人提意見的時候，如果還是抱著那種不莊重的態度，將是很危險的，甚至可能由此誘發「焦頭爛額」、「灰頭土臉」的尷尬，最後連起碼的好關係都保持不了。

不要把客我之間的距離拉得太近，也要注意不要一個人接受客人邀請去吃飯或打高爾夫，心中要有一條界線。

一旦超過了這條線，就很可能為糾紛埋下隱患。

因為危險確實存在。

客人要求升級：踰越界線的代價

一次，飯店酒吧的一位員工受到老主顧邀請，兩個人去打了一場高爾夫球。

員工認為，他是老主顧，平時非常照顧自己的「生意」，那麼，這次應邀，不妨就算自己以打高爾夫的方式接待客人吧。「我絲毫不覺得有什麼不妥」。

但之後，那位客人的個人要求就開始逐漸升級，每天都要打折，最後發展到要求服務員「給我介紹漂亮的女客人」。

再後，那位客人再次邀請他去打高爾夫球，他以工作脫不開身為由，拒絕了。

於是，客人向飯店高層投訴他，「待客態度變得很冷淡」。因為受到投

訴，這位員工的當年晉升受到了影響。

一旦超過了那條界線，客人的要求就會逐漸升級。要是客人提出的要求還算合理也就罷了，但有時會發展成為無理要求。所以，為避免麻煩，即使受到客人誠心邀請，最好也以自己不便為由婉拒。

當然，斷然拒絕也是不可取的，也有時，客人的盛情無法拒絕。這種情況下，最好是向客人提出，自己要和另外一位同事一起前往。如果客人邀請你去的地方也是飯店，那麼，不妨選擇自己的飯店，如另一個餐廳。費用，當然可以由客人付。

保持一定的距離，一是能夠讓周圍的同事認可，二是還可以避免一些不必要的流言蜚語。

要有別的員工作證人

儘量創造不單獨處理客人抱怨的環境，至少要有一名別的員工來為自己「作證」，以徹底消除給自己帶來不必要麻煩的隱患。

比如，客人抱怨說「上次，這位員工處理問題的態度很惡劣」（其實可能根本沒有，或實際情況並非如此），或者抱怨說「上次給我的價格不是這樣的」（其實可能是客人在故意撒謊）。這時，如果有當時的「證人」在場，客人將會有所收斂，並自然而然地杜絕類似問題的發生。

怎麼應對找麻煩的客人

一位美國人，習慣每天早上在飯店的咖啡廳裡吃早餐。一般，他都點同樣的東西，但總是要求店員把菜單拿給他，然後，就用小得難以聽見的聲音點餐，這是他的特點。

儘管聽不清，服務員知道他的習慣，就端來和平時一樣的東西，他於是大聲抱怨說，「我還沒點呢」。

這樣的麻煩，每隔幾天就會發生。漸漸地，員工怕了，都想方設法逃避為他服務。於是，飯店聘請一位服務專家觀察這位客人，來確認他的點餐過程及實際需要。專家最後確認員工服務過程沒有錯誤。之後，飯店咖啡廳經理正式要求客人不要太「任性」，「控制自己的脾氣」。

客人大怒，大聲吼道，「你算什麼東西，有什麼資格教訓我」，他將能想到的粗話都劈頭蓋臉地砸了過來。咖啡廳經理和員工靜靜地聽他無理取鬧

告一段落，宣告他是本飯店「不受歡迎的人」。飯店管理層也認可了這個決定，並將這位客人的姓名資料列入了「黑名單」。

一些城市飯店的「黑名單」是共用的。被記入「黑名單」的客人不但不能夠享受飯店裡的各種設施，而且連進入飯店都被拒絕。

四、對道歉語言高度用心

對道歉語言高度用心

在充分聽取了客人的意見之後，就進入道歉階段。

無論你準備了什麼樣的語言，處理抱怨的最初語言，都必須是道歉。

這一瞬間，是從事飯店接待業的人尤其要注意的。

有的客人會因為道歉中的一些小字眼而生氣，最終走向法院訴訟。不僅是小字眼，還有些投訴被以「道歉沒有誠意」為由無限升級。

那麼，第一句話應該怎樣說呢？

不好意思？

抱歉？

對不起？

……

其實都可能正確，關鍵是為有效處理意見，而考慮各說法的影響以及會給客人怎樣的感受。由此出發，則我們的道歉將具有靈性，也能體現出誠意。反過來，任何環境下都是「很抱歉」或「對不起」，就是應付了。

應付的心理，是處理客人抱怨的第一天敵。

於是，「對不起」如果調整為「使您感到不快，真是對不起」。幾個字的變化，情況可能就不一樣了。

這需要高度用心。

說「對不起」的竅門

那麼，「對不起」和「使您感到不快，真是對不起」之間的差別，真的很大嗎？

當然不是。

但又的確很大，大在我們所關注的，是客人接受態度的微妙之處，而不是這句話本身。

是為用心！

「真是對不起」可以解釋為「不好意思」的同義詞或其延伸，可以說是對抱怨內容的承認，或是全面「投降」，總之，道歉的味道更濃厚一些，因此，比「不好意思」更為合適。

但若深究，其中的味道還是不足，還是有些草草收兵的感覺。加上「使您感到不快」，內容似乎偏離意見本身，而更關注了對客人生氣態度的一種道歉與補償，彷彿在說，不管什麼原因，您不高興，是我們最大的抱歉。從而，模糊了對客人抱怨原因及其責任的認真處理，仍會給人一種並非全面認錯的微妙遺憾。

有人會認為「差不了多少」，但服務現場的很多小問題，就是因為這種微妙的差異，以及我們的心態管理不到位，而最終演化成大事的。

一個關於「不好意思」的例子

一天，一位客人來到櫃檯登記入住，要簽字的時候，忽然抱怨說：「你們的房價太高了！」

現場員工就不假思索地回答道：「不好意思。」

於是，客人說：「既然你都覺得不好意思，就打折來補償我吧。」

員工斷然拒絕，說：「我不是這個意思……」

客人越來越生氣，最後竟大吼起來：「那是什麼意思？你這是什麼態度？我要去告你！」

最後，只好把值班經理叫來解決問題。

服務員很委屈，哭了幾乎一晚上。

之所以強調在道歉時注意言辭，是因為如上這種因小失大的麻煩事在現

實中非常普遍。是抱歉語言的匱乏？還是我們沒有認真開發？不管怎樣，客人的抱怨，普遍存在著發展為糾紛的危險，故此，如何致歉，我們應多思多慮。

危險在哪裡？

在客人感覺到「不好意思」這類說法正在拉開一道看似無礙，實則無法接受的心理防線，等於在打發客人。殊不知，這類客人之所以會提出「無關緊要」的問題，就是因為客人不願意被輕易打發。所以，我們自以為聰明的、沿用著老一套思維方式來處理，實則已經撞在客人的槍口上了，失敗自然在所難免。

當然，如果客人是心平氣和的，問題到此也是可以解決的。反過來講，這類客人可能也不會提出上述的問題。

因此，抱怨的客人，至少應分成兩類。或者說，可以分成挑剔的抱怨與隨和的抱怨兩類，而每一個抱怨的客人的情況都非常特殊，我們處理要有針對性。

道歉語言的三個微妙層次

我們的言辭不同，對方的心情會發生變化。僅以上邊的例子說話，就可能出現三個不同的微妙層次：

1．說「不好意思」、「對不起」、「抱歉」等常用的致歉簡語，挑剔的客人會認為：老套、敷衍、沒有誠意、想打發我。

2．說「實在對不起」、「非常抱歉」等略加副詞修飾的致歉短語，客人會認為有機可乘，說「既然你承認（有問題），就打折吧」，或說「那麼，給我個說法吧」，等等。

3．說「使您感到不快，真是對不起」等完整表達歉意的句子，雖然等同於婉言拒絕，或表明我們的處理是有原因的（如上次的價格是因為淡季調價等），客人也會感到不舒服，但卻會減弱火氣，頂多嘟噥一句「既然這樣，就算了吧」。

當然，這不是說「使您感到不快，真是對不起」這句話是萬能的，因為客人抱怨、糾紛、意見的內容千差萬別，唯有根據實際情況選擇適當的道歉用語，才是根本的。只是比較而言，說完整表達歉意的句子，總比簡化的為好。

五、為抱怨客人分類

抱怨無定式，故不要統一「處理模式」

傾聽抱怨並道歉之後，則應嘗試判斷實際情況，並在此基礎之上進行處理。

實際情況判斷是否正確，對能否正確處理好抱怨，起著決定性的作用。

如前所講，抱怨是因為各種各樣的原因而發生的，所以，內容也將是多種多樣、沒有定型的。

正因此，對於無定型的抱怨，卻用定型的處理手段，是緣木求魚的愚蠢做法。換言之，準備了一個通用的處理模型去套用一切抱怨，還將引發意想不到的新摩擦。

客人的四種抱怨類型

儘管抱怨沒有定式，但處理抱怨的方法卻有一定規律，找到規律，按規律辦事，就可以了。只是這些規律的發現，需要員工們知識和經驗的長期積累，尤其是用心於此。

以下，我們以客人發現浴缸裡有頭髮，而提出抱怨的假想場景為例，來探求這個規律。

第一類客人表示：「浴缸裡有頭髮，雖然只是一點，但可能說明飯店的衛生品質管制體系整體存在問題，也就說明整個房間，乃至整個飯店的清潔都可能存在問題，我必須多加小心，你們（飯店）也必須保證我的安全！」

我們稱這類客人為「推理型」。

第二類客人表示：「遇到這樣的事，心情糟糕透了，你們（飯店）總得給我一個說法吧？」

我們稱這類客人為「蠻橫型」。

第三類客人表示：「有頭髮，印象不好！本以為這家飯店不錯，你們（飯店）應該注意檢查。」

我們稱這類客人為「提醒型」。

第四類客人表示：「衛生間裡有頭髮，不乾不淨！還有，你們（飯店）櫃臺的員工一直盯著我看，看什麼呀？」我們稱這類客人為「麻煩型」。

如果能發現客人屬於哪種類型的，那麼，憑藉自己的知識、經驗，有效處理問題的方法不就脫穎而出了嗎？

回歸根本

講到這裡，大家應該明白，充分聽取客人的抱怨是多麼重要！因為沒有傾聽就難以收集到正確判斷實際情況的材料。客人的抱怨，才是最真實的「第一手資料」啊。

至於事後的上級（遠離客人的、深居辦公室）分析或判斷，更可能是牛頭對不上馬嘴。因此，我們很反對決策者躲在幕後的做法，因為那是逃避責任。

如果經理不想出面，最好的辦法是完全授權，不要礙手礙腳！

當然，這也對飯店經理、員工的洞察力提出了要求。因為沒有洞察力的人在處理抱怨時常常失敗，而失敗的原因，就在於他們沒能使用正確的方法去摸透客人的心理。為什麼不能，或者因為這些經理、員工在潛意識中恐懼面客，或者他們自以為是。

寵物狗叫得最兇的時候，不是因為它們志得意滿或喜氣洋洋，而是因為極度恐懼。人也一樣。

六、時間、地點、情況不同處理方法也不同

速戰速決能使客人滿意

接下來的步驟，對客人提出的抱怨，要迅速採取相應措施，實施處理。

從決定到實行，儘可能快地完成，才是處理抱怨的根本點。

這叫速戰速決。

原因很簡單：

1．不好的事情，大家都願意快點過去，以免事情越拖越大。

2．速度能體現美感，包括誠意與可信度，客人會想，「他們這麼重視，這麼迅速地解決了問題，不愧是一家好飯店」！如此，則有利於將抱怨等被動局面，轉變為一次印象深刻的服務。在給客人一種滿足感的同時，為飯店增加一位可能的支持者。

因此，應致力於把問題的隱患消滅在萌芽狀態，不讓它不斷升級。

「TPO」是基點

速戰速決的前提，是能否迅速瞭解客人的實際需要，即在於前期「鋪墊」的成效如何。這在上邊反覆強調過。

其次，取決於TPO這個基點：

抱怨是什麼時候（Time）發生的？

在哪裡（Place）發生的？

怎樣被提出（Occasion）的？

情況不同，處理方法自然迥異。

同樣的抱怨，有時候，是客人把員工叫進房間裡解決；有時發生在公共場所，周圍還有很多別的客人；還有些客人要求日後打電話、發傳真或寫郵件。處理的手段都不一樣。

因此，還是老調重彈：實事求是，因地制宜──一邊考慮如何使客人滿意，一邊判斷實際情況，一邊確定操作辦法。

這看起來分三個階段，實際上都是可以一氣呵成的。

面對失態客人

一次，在一個宴會上，突然有一位客人大吵起來：

「你們飯店員工的服務態度真的很差！」

幾位宴會廳員工迅速趕到他身邊，準備幫助他解決問題，但這位客人實在喝得太多，非常興奮，更加說個不停。

宴會廳中的其他客人以為出了什麼事，都好奇地看著這位客人。

員工們不再詢問客人，而是默默而迅速、熱情地幫助客人拿熱毛巾、送茶水……

終於，客人慢慢平靜下來，又開始用餐。

關注「TPO」，創造「三贏」

宴會廳員工很快平息了客人抱怨。那麼，這次的處理是否合適呢？

很難說他們正確理解了「TPO」的含義。

在場的其他客人中應該有愛說閒話的人，他們會經常提起「今天聚會中發生了一件事」；也有人會在腦海裡留下「好不容易一次聚會，卻因為無聊吵鬧而興致全無」的印象。客人反應各不相同，但有一點是相同的，就是負面效應已經產生。

怎麼做？

為了讓每一位來飯店的客人都能滿意而歸，飯店員工應努力提供最好的服務。而最好的服務，一向跟「TPO」緊密相關。這時的正確處理措施，應為：

1．先決定把醉酒抱怨的客人帶到另外房間，在那裡充分聽取客人的抱怨。

2．提供最好的醒酒服務。

3．根據現場情況，採取措施，加以處理。

這樣，既不破壞宴會的熱鬧氣氛，又不會給其他客人留下不愉快的記憶。

不要以為這是小事，更不要以為這事稀鬆平常，因為每一個印象都會成為左右客人今後是否光臨的潛在因素，甚至他自己都可能沒有意識到。

再者，抱怨客人在公眾面前會越講越亢奮。如果是飯店方面有錯，就可能將壞印象散播開來；即使飯店沒錯，客人的自尊心也決定了他不會承認自己有錯。

把他帶到另一房間，就能把勝敗兩方的區分給模糊掉，不讓他明顯感到是自己犯了錯，就維護了他的體面。如此一來，這位抱怨客以後不僅不會討厭這家飯店，而且會變成那裡的鐵粉。

如此，則將發出抱怨的客人、其他客人、飯店三方的損害，降至最低。

七、難以判斷實際情況時

有事多商量

儘管在對客投訴處理的授權方面，飯店已經做到位了，但有很多時候，即使在自己的許可權範圍內，還是很難做出準確判斷，以至不知如何處理。

此時，應立即與上司商量，並按照上司的指示行動。

之所以會出現這樣的情況，是因為「許可權有餘，而實力不足」，即事態超越了自己的經驗。如果勉強「硬闖」，往往可能因經驗不足而犯錯。

當我們發現自己難以對實際情況下判斷，就意味著我們會在處理抱怨過程中，表現出信心不足。可以預見，這一定會使客人更加困惑、更加生氣。

一個宴會用酒水的例子

事情發生在一個約一百人出席的宴會上。

當天的宴會含飲料，每人標準是80元。宴會進行一半，按此標準準備的飲料看上去馬上就不夠了。這時，一位喝得醉醺醺的客人叫住一位員工，說：

「我是這次宴會的負責人，再上一些酒和飲料。還有客人要威士卡加蘇打水，你們都沒給上，也加上一些。」

員工一時不知該怎麼辦，但又想，如果能增加銷售額，何樂而不為。於是，很快就按那位客人的要求補上了酒水。

但到結帳的時候，這位客人宣稱：

「我根本沒點過那些東西，所以，沒必要付多餘的錢。」

不僅如此，他繼續道：

「我的一位重要客人說你們不給上酒，很不高興，我要你們飯店負責！」

拜託對方簽字

和醉酒客人的瓜葛更難處理。

這個例子中的員工是越權做事，擅自答應了客人的要求，結果，惹禍上身。

這種情況下，他應該立即報告給餐飲經理，並在他的責任範圍內，執行命令。

餐飲經理在確認完客人的要求之後，應讓客人簽字。即使簡單地簽個名字，也可作為證據。

這是飯店糾紛處理的最基本常識。

此外，一名優秀的餐飲經理會在發現飲料還沒有喝完的時候，主動而迅速地與對方負責人聯繫，以徵得他的指示。這樣做的話，客人就不會有太多抱怨，並在事前可避免糾紛。

平時注意觀察上司的工作方法

對現場的實際情況進行判斷，瞭解各自責任範圍很重要，我們要在自己的職權範圍內做事，這可能關係到一個飯店的生死存亡。

當然，如果說僅僅因為自己是部下，就把現場處理問題的責任全部交給上級，而自己走開，更是大錯特錯。

這樣的態度，首先就有問題。

正確的做法是一切行動聽指揮，接受上級指示，然後，做好準備工作。這一點，是絕對不能怠慢的。所以，為了自己的將來，平時也要多觀察上司做事的方法。

如果餐廳經理不在崗位上，電話也聯繫不上，怎麼辦？

這時，應按自己對實際情況的判斷採取行動，然後，馬上向負責人報告。

這很重要。

預想到一切可能的情況

電影《畢業》裡，有一場華麗的婚宴，新郎、新娘曾經的戀人要闖進來找麻煩。

或許我們不相信這會發生在現實中，但作為職業的飯店經理人，要把一切麻煩都想在前邊，因為麻煩會出現，並會趁你沒有準備好之際出現。

現實就是這樣。

如何做到這一點？我們可以採取一些防備措施，比如，發現有人硬闖，就可以先徵詢當事人的意見，然後，通知保安人員加強入口的管理等等。

此外，飯店裡形形色色的客人都有。比如，有客人說，「你們的員工在撤盤子的時候，故意弄出叮噹的聲響，是不是不滿意我們啊？」那麼，我們事先是否預想到，會有某種程度的噪音出現呢？如果預見到了，就可以在這時適當地把背景音樂的聲音弄大一點，客人就無可挑剔了。

一切都取決於準備。

當然，也有時，客人會找碴要求打折，這時，飯店方就必須與客人進行認真的「交涉」，不能簡單說「是」。

八、莫傷面子與自尊

處理客人的不滿、抱怨、冷漠反應，我們有必要虔誠而徹底地傾聽，這在上邊已經講過了。但即使如此，有時，也可能因客人自身的知識不足或誤會極深而無法釋懷。甚至有客人不認為自己有問題，他們直言說，「這就是我的風格」（大多數人如此），這般嬌慣自己，與飯店方發生摩擦，自然在所難免。

一個例子

一天，服務員發現一位客人穿著浴衣，在飯店裡走來走去，就上前勸阻他回房間，說：「先生，飯店規定，客人只能在自己的房間裡穿浴衣走動。」

客人很不高興，反駁道：「我剛洗完澡，穿浴衣是理所應當的。我喜歡輕鬆地在飯店過日子，我一向這樣，我的個性就是這樣，有什麼問題嗎？」

規則不可挑戰

只有海濱、湖畔或溫泉地區的休閒型飯店，才允許客人白天穿著浴衣在

飯店裡走來走去，或如海南的飯店，穿著短褲拖鞋走，都可以，但商務型飯店，大都不允許，這是社會禮儀決定的，也可以說，是常識。畢竟，飯店是社會、市場發展的產物，本身就是一個「社會共同體」，所以，片面宣稱「這是我的個性」，是沒有道理的，飯店方面應堅持自己的規則。

任何規則，都代表著責任。

飯店的這個規則，意不在打擊個性，而在提醒客人注重禮儀，使其行為符合社會規則，哪怕他有抱怨。如果飯店在最基本的社會禮儀方面都敷衍了事，那麼，客人將發現飯店是不規範，也是不負責的，並必然因此而失去飯店本身的品味與特色，招致其他客人的失望。

在英國的高級飯店，早餐時，如果不打領帶，就會被餐廳禁止入內，直到客人換裝。對此，很多人都抱怨過，但飯店方面的回答很簡單：

「先生，對不起，您可不在我們的餐廳裡用餐。」

這才是一種負責任的態度。

關注表達細節

不過，我們畢竟不是西方人，因此，在維護規則的語言表達上，還是要講究方法的，否則，將時時處於糾紛之中，徒增煩惱。

說起方法，倒也簡單，就是把握好兩個規則：

1．不能簡單地說：在我們飯店，......是被禁止的！這是規定。

2．應該說：我建議您這樣做......好嗎？

應該尊重習慣與文化，包括我們自己。不過，有一點需要注意，那就是在我們反對別人不尊重社會公共準則行為的同時，首先應反省自己（包括自己的飯店）有沒有遵守，否則，還會出現新的問題。然後，在共同理解的基礎上說話。否則，就會只強調自己的個性，而忽略其餘。試想一想，我們已經知道那些個性強的人最煩聽到「這是規則」、「就這樣定」之類的話，而我們又偏偏去強調，是不是等於我們在片面地破壞社會共同習慣與文化呢？

這會引發客人的「二次性」投訴（拋開原來主題，轉而針對服務人員的態度），實在是得不償失！

擺正心態

重要的，不是提醒、要求、禁止、命令，而在於請求，要在摸清客人心理的基礎上，說：「您看，這裡是飯店，有很多來自國外的客人都在看」，或者說，「這樣的裝束怕被人笑話啊」等等。

總之，要用適當的語言，使客人能夠理解我們的想法，站到一起，才可能有效，或至少不會引發「二次性」投訴災難。

九、因為其他客人在看

從「衣冠不整禁止入內」說起

以前，飯店大門外常豎立一塊「衣冠不整禁止入內」的牌子，現在比較少見了，不過，一些讓人覺得「不順眼」的情況還在發生，確實使飯店處理起來越來越困難。

為什麼？

因為過去被視為「不整」的衣冠，在今天似乎除去浴衣、涼鞋外，竟都變成了「時髦」，包括布鞋、運動球鞋、半拖鞋等等，都能毫無愧色地登大雅之堂了。

有這樣一個例子：

一天晚上，飯店酒吧裡來了一位著裝非常隨意的客人，皺巴巴的牛仔褲眼看要掉了，順著低腰，隱約看見裡面的流行內褲。服務生見怪不怪，在場的老主顧卻皺起了眉頭，搖搖頭，然後盯著服務生，彷彿在說，「這個人破壞了酒吧氣氛，讓他出去」。

服務生實在為難。

關注客人的目光

飯店是現代社會最重要的社交場所之一，而且，很多有身分的客人是我們的回頭客。其中，當地客人（一般是非住宿客人）利用飯店餐廳、酒吧的比例尤其高，因此，他們是飯店的重要財富，而他們的目光，就是對我們服務的評判。

他們大都是美食家，追求品味與特色，他們中的一部分人還對酒、酒器

或裝修等造詣很深，因此，任何酒吧都不能「唬弄」他們。由此，我們開發出了滿足客人期待的雞尾酒花式調製表演、演練專門的接待禮節、播放烘托氛圍的音樂、注重空間裝修等等，希望服務能盡善盡美。目的是什麼？是做生意，而生意的根本，在於能否得到這些客人的青睞。這才是飯店酒吧氛圍經營的基點。

因此，對於破壞氛圍的任何因素，包括著裝，都應該予以適當的「處理」，老主顧的抱怨目光在要求你這樣做。而我們「處理」問題的工具，就是主顧們嚴厲的目光。

不是「處理」的「處理」

把那些穿暴露牛仔褲或布鞋、拖鞋的客人，帶到酒吧內不顯眼的位置。

這在酒吧設計時就要明確，一般是在「最裡面的角落」。當然，這樣的位置應該能讓他看到酒吧裡所有情形，並能感受到酒吧的氛圍，是「理想的場所」，而不是糟糕的地方。因為這些客人可能更有「個性」。

燈光上也要講究，並確保他們坐在那裡能感受到其他客人在進入酒吧時送來的不友好的目光。不是酒吧本身，而是別的客人在說話。這正是我們要讓他們感受到的酒吧氛圍。

他們可能因此而反省：下次再來的時候，穿得體一點。這次真有點不好意思。

當然，如果遇到特別「自我」又毫不知趣的客人，則可以用「毫不關注」的目光，告訴他們我們的態度。

維護我們與客人共同的自尊與身分

人人心裡有桿秤，但在飯店業，卻只能稱自己，不能稱別人；如果去稱，客人一定會抱怨，這很自然。即使是善意的提醒，有的客人也會因為難堪而生氣。既然如此，就應該以客人能夠接受的方法來處理，關鍵是不要讓客人難堪，而是讓他們自覺「不好意思」。

這就首先需要飯店不斷維護自身的品味與特色，尤其在基礎上要做高做牢，如日本人提倡的「整理（seiri）、整頓（seiton）、清掃（seiso）、清潔（seiketu）、修養（situke）」這「5S」原則。

其次，飯店經營者一定要有自己的思想，並以氛圍來體現「思想」。

最後，以氛圍實現對客人的自然篩選，形成「經營者、員工、客人」三者的充分融合。

那時，一旦一個風格迥異的人闖入，就會有一種說不出來的不協調感。

也只有這個效果產生了，才能說明飯店有「品味」與「特色」。

這大概是維護我們與客人共同的自尊與身分的最佳解決方案吧。

十、向客人問法

有誠意，但不自作主張

飯店的靈魂在於其服務精神，在於全體員工透過不斷努力，提供令消費者滿意的幫助，以最大誠意滿足客人的需要。「最大誠意」的意思分兩層：

1．要有誠意併作出符合規範的努力。心誠則靈，千萬不要耍手腕，不要投機取巧。

2．即使這樣，仍不可能完全避免客人的抱怨，即規範的服務不可能使所有客人都滿意。

因此，飯店的內部政策要關注這一點。

有這樣一些例子：

客人打電話跟客房服務中心說：「房間內的燈泡壞了，請給我換一個。」服務員馬上通知工程部到位，採取措施。兩分鐘後，工程人員與客房服務員一起敲客人的房門。客人忽然在裡面非常生氣地喊道：「我現在正忙，不想被打擾！」

問題出在哪裡？

服務人員到位慢，一般都會被投訴，客人會說：你們太沒效率，我還有很多事要忙，你們影響了我的工作（或休息）……

那麼，及時到位就應該是符合標準了。結果，客人還是不滿。

其實，這問題出在沒有向客人確認「如何處理」上，而最好的點子，一定在客人那裡。一旦機械地維護自己的主張，哪怕再合乎規範，也會因為給

人自作主張之感而讓人不舒服。

所以，這不是聰明的做法。

事前確認，以避免麻煩

上邊講過，我們惹下的很多麻煩，都是因為以自己認為合適的時機去解決問題，結果事與願違。如果正逢客人在情感、情緒或時間上有問題，我們甚至可能自取其辱，或引起客人更大的抱怨。

怎麼辦？問客人。

聰明的做法，應該是在接到客人電話時，直接詢問客人：「兩分鐘以後到，您方便嗎？」

實際解決問題的流程

1．傾聽。

2．道歉。

3．對實際情況做出判斷。

4．確認解決的辦法（向客人問法）。

5．實施。

法無定法

上邊強調了「向客人問法」的要求，屆時，即使客人有時候有抱怨，也很難直接說出來。

但是，如果機械地執行這個要求，凡事無論鉅細都去確認，有時也引起客人抱怨。所以，要在看似和客人不經意的交談中摸透客人的心理，掌握事前確認的技巧，「順理成章」地，而非「刻意地」，就會給客人留下好印象，甚至能得到客人的好評：

「服務水準又提升了！」

十一、公布投訴處理記錄

問題（客人投訴）公布策略

如果抱怨反覆出現，那麼，要注意的就不單是在現場的人，而是飯店全體員工了。

這甚至可能是我們的體系有問題。

因此，要大家一起思考、反省。這就需向全飯店公布投訴（抱怨）及其處理的全部內容。對任何期待長治久安的飯店而言，這一策略都是不可或缺的。

隱瞞問題的行為，將給飯店體系埋下最大隱患

廈門某樓盤開標時，飆出了天價，挖地基時才發現，地下有大面積的化工原料汙染層，開發商吃了暗虧，只好隱瞞資訊。顯然，未來購房者將成為最大受害者，而一旦他們知情，情況會怎樣？

這是個連環災害，都源於隱瞞問題。而規律告訴我們，隱瞞問題者，自己一定也會受害，此謂「玩火者必自焚」。

因此，遇到問題的員工，應力求準確判斷事實。然後，進行認真處理。事後，還要不帶任何感情色彩地公布所有資訊。

這應是飯店必須做的事情。

員工抵觸公布報告的原因與三種形式

當事員工可能抵觸，怕遭致進一步的處罰；部門經理為了維護部門的面子，可能抵觸。抵觸的形式多種多樣：

1．發現了但不去處理，希望僥倖過關。

2．處理了不報告，希望息事寧人，免受處罰。

3．必須報告時，則隱瞞真實資訊，或把事實向有利於自己的方向歪曲。

公布本身，即是最好的處理

隱瞞是沒有任何必要的。即使能短時間糊弄過去，讓上司蒙在鼓裡，但總不能騙過客人的眼睛。因為抱怨客會清楚地記得「我前幾天已經和你們（飯店）的員工說過同樣的事（不滿）」，由此不就露餡了嗎？

隱藏或歪曲資訊，結果一定徒勞。那等於給自己挖了個坑，等於給客人及飯店帶來長久的損失，最後，沒有贏家。因此，飯店在內部處理的政策上一定要關注到這個事實。

當然，經常引起客人抱怨的員工令人頭疼，但如前所述，抱怨、不滿、冷漠反應等等情況本身，無一不存在著不可避免的性質，更不是以哪個員工的意志為轉移的。

犯了錯誤要不要處理？當然要。而且還要根據錯誤性質的惡劣程度，設定不同的處理級別。大部分飯店都能夠做到這一點。但問題是不少飯店頭痛醫頭腳痛醫腳，不知道問題的緣起在哪裡，抓了員工，丟了原因。因此，我們有必要明確這樣兩點：

1.任何員工出了問題，都必須在系統上找問題

可能就是系統有問題。比如，早餐員工將茶水灑在客人身上，一定是員工的問題嗎？員工的系統培訓有沒有？現場上司的管理方法有沒有問題？當天的早班車、更衣室等環節是否正常？員工近期情緒有無異常？他家裡有沒有發生什麼特別的事？最近是不是加班特多？......

2.系統有問題，責任應在經理

如果歸根到底是系統有問題，那麼，作為飯店政策，就不能僅僅懲罰當事人，而應對整個問題的根本進行追究。這才是第一位的。換言之，處罰本身應該放在第二位，不能本末倒置。這樣，才能保證把員工從處罰的恐懼中解脫出來，而不必花心思去刻意隱瞞，轉而全力關注問題的解決，並自覺地避免類似問題的再度發生。

有效的公布方式

如何公布投訴處理資訊，各飯店都有自己的方針，不宜一概而論。

根據抱怨類型，一般而言，當場處理抱怨並有結果之後，現場負責人應如實記錄事實過程，提交給管理層批閱。上級可根據實際需要，確定公開的範圍。

這個範圍，可遵循以下原則劃分：

1.問題性質特殊，不宜公開，可經總經理批示後，在一定層級經理之間傳閱。

2．具有部門或班組特點（僅限於該區域才可能發生）的問題，在部門或班組內部以閱讀、討論等形式公布，以達到自我教育目的。

3．問題具有普遍性，各部門均可借鑑，以飯店檔形式向全員公布。檔內容應包括事情經過、處理過程、整改措施、處理決定四方面內容。同時，注意細節的詳實，解決辦法應成為今後處理同類問題的借鑑。

當然，僅僅書面張貼、懸掛等等還不夠，因為飯店二十四小時營業，員工一天三班，每班負責人也不一樣，真正做到「盡人皆知」才是關鍵。因此，這個時候要開會，透過會議形式告訴大家「今天出了這樣的投訴」，這才能實現完整的交接班，或許煩不勝煩，但沒有別的辦法。重要的事項，一個部門平均一天開五次會都不為過。

十二、活學活用投訴處理記錄

投訴處理應達成的目的

投訴處理的目的，是為了防止同樣抱怨再次出現。

那麼，這對客人來講，是否具有同樣重大的意義呢？

一位客人發出抱怨，然後，問題當場獲得了圓滿解決。再後，這位客人仍然來飯店。一次，一位員工見到他時親切地表示：「某先生，前幾天真對不起！」如此話題重新提起，並獲得再次致歉，客人的感受如何？當然不同。他甚至有些難為情了：「哪裡哪裡，小事一樁！你們飯店對我如此在意？謝謝，謝謝！」先前的怒氣早已煙消雲散。大家都能感到他的感動，自己也同時收穫了滿足感。而這，正是客人投訴資訊公布（處理）的最主要目的所在。

反過來，雖然我們公布了投訴處理的結果，但若客人二次到來時仍遭遇了同樣的冷遇，或原來的抱怨事項沒有得到任何實質性改善，客人的反應又該是如何呢？可以想見，客人不僅會不愉快，而且可能更加生氣，或從此不再光臨。

顯然，後者違背了投訴處理應達成的基本目的。

經理的道歉很重要

任何一位成熟的經理，都應有過因部下的錯誤而向客人道歉的經歷。

一位副總經理這樣描述自己的一次經歷：

「那天，發生了一場客人投訴，我收到整個事件的報告，並在把握了事件的大體過程後，判斷現場經理完全可以處理好問題，就決定暫不出面。記得在我擔任部門副經理的時候，曾有一次因過多干涉現場經理的工作，把事情鬧得更加不可開交。果然，現場經理把問題處理得很到位。我整理好制服，提前到客人必經的出口處等他。然後，畢恭畢敬對他道歉：『這次非常對不起！』這位客人在我還是部門經理時就認識我。這樣一來，大多數客人都知道有一位副總經理在向客人道歉，吃驚非小。員工也很感歡。最後，那位客人帶著感激，離開了飯店，並成為我們的鐵粉客人。他接受了我們的道歉。這在他的表情上寫得清清楚楚。」

所以說，在時間允許的情況下，上級經理不妨出面向客人再次致歉。

這很重要！

而把這個經歷報告給廣大經理、員工，其意義可能更有價值。

防患於未然，效果更佳

宴會部經理在確認婚宴出席者名單時發現，某著名飯店總經理將連續兩天出席同樣的婚宴。再進一步確認，得知就在一個星期前，他還用了同樣的菜單，便馬上跟他的祕書聯繫。

祕書告訴他：「我們總經理最近腸胃不是很好，不能吃油飯和油膩食品。」

於是，宴會部經理就專為這位總經理準備了簡單而且沒有重鹹的菜品，加以特別照顧。花錢不多，但效果很好。這位總經理非常驚奇：「你們怎麼知道我的胃不好？連續兩天為我變換菜樣......」

後來，這位總經理成了這位宴會部經理（其實是這家飯店）的義務宣傳員。當有人問哪裡是最好的待客之地時，他的回答總是「某某飯店」。

反省一下，我們行事有沒有這樣主動？還是相反，被動地去「處理」呢？

或可以說，真正的危機處理，不在於危機出現之後如何做，而在如何把

握資訊與先機，於危機之前將其原因消弭掉。

誤會，困擾飯店

一位住宿客人來到櫃臺，詢問道：「公司有文件送給我，幫我查一查。」

櫃臺員工找了很長時間，沒有找到，便把實情告知客人。

客人聽後說：「不可能，公司人說他親手把文件送到你們這了。」然後就撥打手機確認，並生氣地訓斥對方：「為什麼不直接送到我的手裡！」

這是個大問題，櫃臺經理、服務員再度查找，但挖地三尺，還是找不到檔，甚至沒有一名員工（包括前幾天當班的員工）記得收到檔的事。

這個問題不久後得到瞭解決。原來是公司送文件的人確實到了飯店，但忘記把那份重要文件交給櫃臺，又把它給帶回去了。

誤會，但飯店方面又能說什麼呢？

計程車司機態度惡劣殃及飯店

這是一個使飯店員工目瞪口呆的抱怨。

來飯店的客人一到櫃臺就大聲地發牢騷：「你們這裡的計程車司機態度實在惡劣，飯店怎麼會用這樣的車呀？」

櫃臺服務員認真地聽著，然後對客人說道：「我們負責將您的意見反映給計程車公司，希望能有一個說法。同時，這是他們公司的電話號碼，如果您要直接聯繫也可以。」

客人不再說話了。

十三、售後跟進服務

「售後服務」的要點是迅速跟進

飯店也有售後服務，那就是透過卡片或電話，向在本飯店住過的客人表示感謝，或寄送一些資料，讓客人掌握飯店的資訊。這種方法被很多飯店運用，並成為一種重要的促銷戰略。而這個方法在處理抱怨時也可以活用。

針對由員工失誤而釀成的抱怨、投訴，售後服務應包括三點：

1．表現出道歉之意。

2．報告為避免再次引發抱怨，我們所做的處理及後續措施。

3．感謝並歡迎。

就是說，任何不滿、抱怨的解決，不限於現場，而是透過持續的售後服務，更加徹底地消除抱怨。應在抱怨發生後，儘可能短的時間裡，再次給客人打電話或寫信道歉。如果遲過一週，效果就差了，若再晚過一個月，則還不如不做。

再次光臨時的「售後跟進」

售後跟進可以在客人離開之後，也可以在客人再度光臨時。而且，這樣做的效果可能更好。下面是一個文本範例。不過應該強調的是，跟進服務不應限於表態，或僅限於當事人個人行為，而是整個飯店，要以整體的服務改進來跟進服務，這是很重要的。

某某先生：

您好。非常歡迎您再次光臨我們飯店，非常感謝您的信任。

上次，您為我們留下了寶貴意見，請允許我們再次表達謝意。

針對您上次所提出的意見，我們已經採用......方式進行改進，歡迎您體驗。今後，我們會為進一步提升服務品質而努力，並請您繼續給我們指導和支持。

某飯店總經理：

年 月 日

此外，如果有客人提出任何改進服務的建議，我們也要給予正式的回覆，表示感謝並告知客人我們正在進行的改進工作。

客我互動，將使我們有意外的收穫。

僵化的跟進服務可能適得其反。

不過，跟進服務要有技巧，而非機械地執行。

有一些經驗不足的員工本著服務客人的好意提供跟進服務，結果反而惹客人惱怒。

一次，一位客人因飯店空調問題而抱怨。客人離開飯店後，櫃臺就給他發去致歉的跟進服務信。客人隨後打來電話，大怒：「以後不要做這種多餘的事！」後來查明原因，原來，那天和他一起的女士不是他妻子，因為這封跟進信，讓他妻子知道了他在外邊拈花惹草的事實，並引發了家庭紛爭。

換言之，提供跟進服務一定要隨機應變，要用腦判斷，而不是機械地執行《售後跟進服務規定》。尤其要忌諱千篇一律的感謝，那是機械的，沒誠意的，甚至會產生不良效果。當然，這也要求我們在制訂《售後跟進服務規定》時，給員工留下隨機應變的空間。

隨機應變只在一念之間

一位客人曾跟某年輕女性來飯店住過幾次，大家都熟識了。

這一天，他忽然跟一位看上去像他夫人的女士一造成達飯店。這時該怎樣打招呼呢？

1.機械地招呼：「感謝您經常光顧我們飯店！」

2.靈活地招呼：「感謝您經常到我們餐廳用餐！」

對前者，客人會很尷尬，也可能從此失去對這家飯店的信任。對後者則不同，他的妻子就會覺得「老公好厲害，連飯店員工都能記得他」，從而對丈夫更加敬佩。我們何樂而不為？

這種能力，是飯店服務品質的重要標誌之一。

如果發現平時見面都打招呼的客人跟另一位自己也熟識（有某種關係）的人在一起說事，則有必要繞開，避免他們產生不必要的戒備感。

整理、應用客人資訊

為了關注客人的「面子」，我們有必要把資訊整理後放入電腦，並在心裡時刻提醒自己注意。也許有人說，整理那些資訊很難。但方法並不是問題，只要本人有心。

為了提供更好的服務，飯店人要養成隨時隨地記錄所發現問題的習慣，然後，在一天工作結束時，進行整理。

資訊整理完成之後，要在記錄中用圓圈圈出自己已經處理完的專案，再標出沒有處理完的專案，然後，盡力在當天把它們處理完畢。

第五章 飯店危機服務的組織化管理

一、美國GE中心的抱怨處理體系

掌握「使客人輕鬆」技巧的「體系」

前面我們透過講處理抱怨的技巧，點出了一些基本的東西，並概括為「傾聽」、「道歉」、「判斷」、「處理」、「公布」、「跟進」等科目。然而，說教畢竟是說教，大家都能毫無遺漏地掌握嗎？不一定。那麼，什麼樣的人能掌握呢？

這就是我們接下來的問題：培養、造就一批優秀的服務業從業者。

每一位飯店總經理、經營者和業界人士都會有一個共識：如果飯店裡能有幾位「這樣優秀」的人才，那麼，我們的業績肯定會大大改觀。

但是，僅僅擁有擅長處理抱怨「這樣優秀」的員工還不夠，因為他們不是萬能的。飯店還必須在使投訴得到順利解決的組織體系的構建、硬體以及人員配備和培養等方面，花費大量心思，要透過一個體系，來實現真正的、團隊的而非個體的「優秀」。

這才是「這樣優秀」的概念。

以「這樣優秀」的組織，以一個體系來處理抱怨的典型實例，是美國GE（通用電氣）中心。

GE中心要二十四小時受理公司所有產品、員工、售後品質和銷售店面方面的問題，以及五花八門、形形色色、有關無關的抱怨、意見、不滿。

GE中心裡設免費服務熱線，全美國的消費者都可以透過這個熱線，隨時講述自己比較簡短的抱怨。負責接待和回答的員工固定為女性，她們接受了如何使抱怨客人放鬆的全方位教育。絕對不找回絕的藉口，而是必須以溫和的態度聽取抱怨，最後，以「非常感謝您給我們提了這麼寶貴的意見」來結束交談。

據說，那些充滿怒氣拿起電話的客人，最後都會平和地結束談話。

這一點都不稀奇，因為他們有一個「這樣優秀」的掌握了「使客人輕鬆」技巧的「體系」。

電腦系統管理

GE中心所收到的消費者抱怨，作為資訊資料，全部存入電腦進行管理，再透過網路從中心經營層到達全美國的各個營業分銷商、店面的相關員工。

公司高級經營層能自由檢索，調出資訊，考慮改善對策，在決策之後，透過電子郵件發送到各相關部門。這是一個能夠使改善對策得到徹底貫徹的組織體系。

有些時候，總經理還會直接給客人送去感謝信，做一些跟進服務。

這套體系使得GE在國土面積遼闊的美國實現了對問題的即時處理，它可以說是21世紀式的危機處理平台，而其處理問題的深度，涵蓋了「傾聽」、「道歉」、「判斷」、「處理」、「公開」、「跟進」等幾乎全過程。

顯然，現代飯店投訴的處理模式與GE中心模式在本質上是一致的，不同的是後者應用了先進的平台，並更能體現組織體系的作用。

那麼，飯店業是否應該從「這樣優秀」的組織體系中汲取經驗，採取諸如「免費投訴服務熱線」等方式，來聽取客人的抱怨，並給予及時的處理呢？

二、責任：組織體系的基礎

一個常見的例子

一次，在飯店酒吧裡，由於點單被搞錯，客人很生氣。而剛進飯店的一名新員工又由於慌張，雖然努力想以自己的力量來平息客人的怒火，卻適得其反：客人不但沒有「熄火」，反而更不高興，他大叫道：「把你們經理叫來！」

個人的力量是渺小的

透過組織體系，而非個人力量來處理客人的抱怨，就必須明確員工各自所擔負的責任。對一個體系而言，其基礎在於責任的明確性。

經驗不足的員工超越自己的職責來處理一些問題，一定存在著使客人怨氣更大的危險。點單被搞錯，應由現場領班（如資深吧台員）臨場處理，而不要自己處理。上例的問題，可能就出在員工沒有直接報告領班，忽略了組織體系的存在。

或許，我們不該批評員工的責任心，但實際上，作為組織成員，一旦忽視了自己的報告義務，常常會自己買罪受，最後，說不定必須由更高層次的經理出面來解決問題。這就使事情進一步擴大化了。

建立責任體系

為了避免類似的麻煩，必須建立起飯店的責任體系，包括職位職責、服務標準與流程等等，並在工作中切實地貫徹。

一般飯店都把酒吧業務劃歸餐飲部，並成為飯店（大組織體系）內設的餐飲部（中組織體系）的一部分（小組織體系）。

下面，試以餐飲部經理助理為例，看看其職位職責、服務標準的一般約定。

檔範例（1）：餐飲部經理助理的職位職責與服務標準

經理助理的四項基本職位職責：

1．經理助理要輔助餐飲部經理展開工作，並在經理不在的時候代理經理職責。

2．經理助理是部門服務流程的全面督導者，因此，有責任指導、培養、培訓部下，並致力於提升部下的服務意識與服務品質。

3．經理助理應掌握並運用F&B（餐飲）市場知識與技術，全力協助經理達成部門乃至飯店的收支目標。

4．經理助理應致力於維護、提升並向客人提供「最好的設備、最好的餐飲、最好的服務」（「BEST A．C．S」）。

經理助理的十二項服務標準：

1．認真學習、領會飯店的經營理念與本部門的工作方針，排除萬難，

領導部門員工實現部門年度「經營數位」、「服務品質改善」、「員工能力開發」三個主要目標。

2．要學習並掌握全方位的飯店業務知識，主動與其他部門交換資訊，做好相互之間的業務協調工作。

3．充分瞭解飯店的商品知識，尤其是本職的F&B商品知識，並致力於開發、改善它們。

4．要展示自己的禮儀修養，保持衛生與清潔的習慣，並遵守從業規則，努力培育富於人性化的職場環境，極力激發部下的工作願望。

5．從控制所屬部門的人工成本入手，認真而仔細地執行部門利潤預算管理規則。

6．進行餐飲銷售額分析，同時努力收集與飯店經營環境變化相關的社會資訊，用於決策參考。

7．要對部下的工作乃至於工作相關的部分個人情況，有詳細而全面的把握，以有的放矢的協調團隊氛圍，取得團隊的共同成功。

8．不斷透過自身的行為與灌輸，揭示飯店理念與目標，達成大家的共同理解，並對個別部下給予指導。

9．訓練自己無障礙執行業務的表達能力，包括口頭的與書面的以及母語的與外語的，也要努力培養部下的這方面能力。

10．關注社會動態，注重把握業界動向，對於變化要有應對之策，努力給日常的工作注入新鮮感與活力。

11．要掌握對客人抱怨、投訴及各類突發事件細緻周到處理的規則，並根據規則處理危機，撰寫處理報告。

12．完善危機處理的售後跟進服務規程，主持跟進服務，深化與客人之間的關係，確保客戶不流失。

檔範例（2）：職位危機服務職責與服務標準

助理吧台員：不做此方面要求。

首席吧台員：具備迅速處理突發事件的能力，並致力於避免危機的發生。一旦發生危機，要配合資深吧台員展開工作，並將傷害降至最低。資深

吧台員不在場時，要化為承擔其職責。

資深吧台員：要對工作中的任何突發事件做出適當的判斷、指示和處理。

餐飲部經理助理：時刻保持清醒的危機服務意識，把握周到而細緻的危機處理準則，並作出適當的處理，撰寫處理報告；必須透過完善的事後跟進服務（處理）來深化（而非淡化或簡化）和客人之間的關係，確保客戶不流失。

檔範例（1）與（2）中的「危機」、「突發事件」等，無疑是針對本書「冷漠反應、抱怨、投訴與訴訟」等情形而言的。其中，（1）例中的第12項、13項與（2）例中的各條款都是相關的，如「資深吧台員」與「首席吧台員」的職責與服務標準。而「助理吧台員」，一般指剛進飯店兩三年的員工，對危機服務的執行，是不做要求的。為什麼沒有要求？是因為他們還沒有經驗、經歷，所以，對問題的處理必須尋求組織說明，而非擅自行動。

三、組織僵化是敗事之源

組織活力來自部門合作

飯店組織，一般都是金字塔式的命令垂直指揮體系。

所以，抱怨、投訴處理，也自然要在這個體系之下實施，並在處理過程中，要求各部門、職位、員工承擔起各自相應的職責，以形成對事不對人的基本工作（服務）架構。

任何組織都有其縱軸與橫軸，作為整個飯店組織而言，垂直的層級是縱軸，各部門則處於橫軸關係上了。而同時，每一部門又都有自己的縱橫軸，從這個角度上看，則部門之間的關係，又都是處於平行的縱軸關係上，即互不隸屬。於是，如何確保服務品質，則相互之間的「非隸屬關係合作」變得極其關鍵。

之所以關鍵，是因為客人可能來自於飯店的任何縱軸（部門的服務專案），並根本無法預料他們會橫貫哪個縱軸。有單獨使用餐飲縱軸的，也有同時跨越餐飲、客房、商場、酒吧縱軸的。客人不會理會我們的縱軸、橫

軸，如果對其中任一縱軸的服務有抱怨，就會對其他縱軸的服務也產生疑問，所以，在處理抱怨的時候，如果沒有與其他縱軸協調，或大家不能具有同樣的危機感，就不能一致，則不管某一個縱軸做出多大努力，都可能事倍功半，甚至功虧一簣，將不能給客人以最終的、長久的滿意。

外賣年夜飯的故事（1）：一道菜出了問題

每年，飯店都銷售打包年夜飯的外賣產品。

這年農曆十二月三十傍晚六點半，忽然有客人打電話質問說：「你們的年夜飯是不是壞了？」

仔細詢問之後，店方判斷，問題可能出在一道「雞湯排翅」上。

外賣年夜飯的故事（2）：派誰去處理

當時，整個飯店都在為除夕夜活動忙得一塌糊塗。

飯店分管副總經理接到電話報告後，首先透過記錄確認了出問題的菜品數量：178套打包餐。然後，直接打電話給櫃檯部門：

「現在誰在現場？」

然後，根據平時的瞭解，跟餐飲部經理溝通後，立即從櫃檯銷售員中指定一位領班，授權他代表飯店處理此事。

按職責與標準，授權對象應是F&B（餐飲）部，即應由F&B部經理或廚師來擔當全權處理大使。但這位副總經理卻委派了櫃檯銷售職位的基層領班。

有沒有道理呢？有。比起委派為年夜飯忙碌的F&B員工，從銷售角度派人，或許更能全方位地判斷實際情況，進而使善後工作順利進行。這叫清淨心者有智慧。

外賣年夜飯的故事（3）：處理過程

副總經理向櫃檯受權人發出指示：迅速把櫃檯尚存的菜品全部回收，已經賣出的要查清買主住處，全部回收。同時向廚房指示：重新做，並將新菜送到客人手上。最後表示：「現在，事情由你全權負責了，有任何問題，責任由我承擔。」並將相關指令透過祕書傳達給各個部門經理。

受權人按經理的指令，出色地處理了客人的投訴。

首先，他根據授權，制訂了簡易工作流程和要求，迅速聯繫飯店各部門，緊急召集60名員工，現場培訓回收和再配送流程。同時，安排櫃檯職位員工打電話向買主說明情況，再安排計程車，讓60名員工分頭回收菜品，並隨時報告。緊急行動結束時，已是新年第一天凌晨一點鐘，除了不在家和查不到住址的客人，他們重新配送了80%的年夜飯，非常成功。

再次配送的年夜飯中，還配了哈密瓜以表示道歉。

外賣年夜飯的故事（4）：小結

這次「外賣年夜飯」投訴處理的時間很緊、工作量很大，如何處置？副總經理靈活運用組織體系，而非僵硬地執行規則。他知人善任，授權給櫃檯銷售領班。

負責現場協調的櫃檯領班雷厲風行的指揮，值得稱道。

飯店的靈魂，永遠不在於僵硬不靈活的組織理論，而在組織體系框架下的靈活運作。事後處理報告顯示：提出抱怨的，只有一家人；其餘回答均為「沒有問題，不用特意再送了」；一部分客人甚至表示感謝，認為「不愧是大飯店」。

飯店聲譽得到了提升，更重要的是飯店發現了人才。

當機立斷是關鍵，「妥當搞定」客人是核心。

應急處理要有應急的辦法，而不能按部就班，不能現找理論根據，否則就會貽誤戰機，使事情變得複雜，或因拖泥帶水引發二次投訴。

當機立斷、臨機應變，只需要做，不需要更多地說明理由。

所以說，接待業不能過度依賴高深的市場或行銷理論，只要重視「現在」，把客人「妥當搞定」就好。

何謂妥當搞定？就是儘可能快地把事情（客人問題）處理好。

上邊的副總經理的做法值得借鑑。

當然，在決定授權時還有一些插話。當時，餐飲部經理就表示：「櫃檯銷售職位的領班能領導我們嗎？」這位副總經理沒有多說，直到這位領班出色地完成了任務，大家才覺得「原來這樣做未嘗不可」。

四、投訴處理口徑要一致

一個例子

飯店房客因為爭風吃醋而被傷害，男歡女愛轉為愛恨情仇，而這類資訊一向是最受媒體歡迎的。果然，各媒體蜂擁到飯店，連一個員工都不放過，見縫插針地問各種問題。這時的客人，滿臉無奈，彷彿在說：「飯店能為我們做點什麼嗎？」

那無奈之中，又分明含藏著對你的抱怨。

飯店是一個舞臺

飯店是一個舞臺，每天都在上演著戲劇，但它畢竟只是非日常性的舞臺劇（意指日常生活中的人們不可能每天都在飯店裡），而非日常生活劇（生活如戲）。如果這場戲劇能帶給社會以喜悅與安寧倒也沒有問題，但由於客人（主人翁）的角色不同，飯店也難免成為悲慘故事（比如各種抱怨）的舞臺。

這就需要飯店以一個統一的姿態或口徑應對。

面對媒體的四個要點

只要是舞臺，則戲裡戲外就一定有媒體的空間。

那麼，針對上面的例子，飯店該如何做呢？

1．以組織的面目出現

以一個組織體系的姿態面對媒體，即飯店各部門之間要高度合作，聯合防範，從方法到口徑，從態度到舉止，都要保持高度一致，如此，才可能實現媒體管理的目標。因此說，如何面對媒體，是對飯店組織能力的一個重大考驗。

2．設飯店發言人職位，或指定發言人

避免洩露多餘、無意義的資訊，並透過努力，避免外界可能的無端猜測。

當然，封鎖資訊是不可能的，也是不可取的。這是因為記者的觸角無孔

不入，他們不僅會採訪飯店員工，還可能打擾到飯店的客人，這樣一來，以保護個人隱私為第一要義的飯店，就難以承擔這個責任了。

3．不要說「不允許媒體介入」或「無可奉告」

這類硬話、氣話，很容易使媒體成為你的「敵人」，會加大外界對飯店的壓力。「敵人」電波散布的可能是負面資訊，並給飯店經營帶來直接損失。

4．涉及刑事或政治案件應與轄區員警、政府部門協商

不光內部保持一致，外部也要取得共識，結成共同體之後，才能向媒體發布有關資訊，以杜絕隨意接受採訪，避免發生諸如洩露房間號碼等事件。

人多嘴雜，很危險

發言責任人一旦確定，其他同事在被問及問題時，應表現出明確的統一意識：

「關於這個問題，請您與我們的發言人聯繫，謝謝！」

這樣就可以把事件引發的負面影響限制到最小。

同樣的思路，也可以應用於VIP接待，特別是外賓VIP。這是因為我們在日常工作中聽取客人的抱怨很重要，而同時，判斷事實、分析情況、制定策略，更要重視。

判斷資訊的準確度，應該由誰來把關？是大家還是一個人？當然只能由一個人作最後決策。這個人通常是現場經理。作決策不能是多人，因為多人參與判斷，七嘴八舌，各自的感覺不同，一定會在處理方法上發生衝突。

為防止因人多嘴雜而誤事，或為提早防範，或為預防二次投訴，應及時把判斷實際情況的「話筒」交給當時在現場的負責人，並根據他的判斷與決策，進行資訊公布（處理）。

五、通信要暢通

何以名之「住宿費」

飯店的核心功能，是給客人提供舒適、整潔、安全、溫馨的服務。而核

心的核心，是要創造客人「黃金睡眠」的環境。飯店也將因此而獲利。反過來說，「黃金睡眠」不僅是高品質的舒適，還要有心的休息，我們稱此為「安心」。為此，飯店要投入很大的人力和經費。

這也正是我們將飯店收費名稱定義為「住宿費」的原因。

通信保障是安全保障的重要一環

於是，又有安全方面的保障需求。安保費含在住宿費中，因此，飯店必須強化突發災害或火災的應對體制建設。而在這裡，通信聯繫暢通，即使自己和員工在不上班時間，也能互相聯繫到的這一體系建設成為關鍵。

現在因為手機普及了，聯繫變得非常容易。

應急預案

通信聯繫的管理，即如何執行又成為關鍵。

這個執行的內涵，包括各種緊急狀態下的應急預案，如颱風、火災、水災、地震、遊行暴動、食物中毒、刑事案件等自然與人為災害發生時，飯店能否隨時把相關的、不上班員工緊急動員起來，投入應急工作。

為此，又要展開細節管理，如員工住址分類、交通路線安排、防災物資清單與存放場地等等，都要一一做到位。

某飯店由於沒有完整的預案，在颱風發生時出動員工搶救物資，結果造成危險。後來，他們制定了預案，明確事先準備的流程以及颱風現場落實「安全第一、物資第二」原則的辦法，解決了這個問題。

某飯店員工接到颱風預備隊集合的通知，在渡輪停航的情況下，乘坐漁船從島上家中到達了飯店。他的應急服務意識讓人感動。

日本阪神大地震發生時，大倉飯店當天值班的員工3分鐘內集合完畢；在家的員工也在地震發生後10分鐘，乘第一班車到達飯店，投入營救和疏導客人的工作，25分鐘後，所有員工集中到飯店大廳，宣告客人全部平安。

一句話引起賠償糾紛

通信通暢的又一個內涵，是要確保飯店所有成員對電話內容理解一致。

這是一個說起來容易，做起來有難度的事情。

大型飯店總機接線員有20名以上，平時三班輪流，每一班5～6名員工。詢問電話24小時不斷，全部接線員要把握每一位客人是很難的。那麼，如何利用飯店總機這個溝通樞紐，確保完美溝通，又避免洩密呢？

一位住宿客人在登記的時候，對櫃臺交代道：「一位叫A的人可能給我打電話，請不要轉到我房間」。當晚，A打了幾次詢問處電話，話務員都沒有轉接，住宿客人感謝飯店後就離開了。但幾天以後，A又一次打過來電話，很憤怒：

「我知道他當時就住在你們飯店。你們騙我說會把我的留言轉達給客人，但根本沒有轉。也不給我轉接電話。由於你們的過失，我價值數億元的訂單打了水漂，你們要賠償我！」

很明顯，這是一個找碴的抱怨。飯店只滿足住宿客人的要求，至於客人與A之間發生什麼事情，與飯店無關，斷然拒絕這個補償要求，是理所當然的。

但是，飯店方面也應該反省一個問題，即接線員承諾「我會傳達您的留言」。

一句話惹了糾紛。

電話語言要推敲

這個案例中，是A對接線員的表態理解不對，還是櫃臺和接線員之間的交代不清呢？

可能是接線員對客人語言的理解有問題。客人說，「......電話，請不要轉到我房間」，但接線員還是對A承諾「我會傳達您的留言」，這本身就是有問題，因為這句話已經證明那位客人就住在飯店，接線員違背了保密協議。

正確的回答應該這樣：「我們今天沒有見到這位客人。如果您有事，我們會在他光臨時幫您傳達口信，請您留言。」此外，僅回答「知道了」也是不夠的，應該加上「如果他光臨」的前提。

從接線員沒有遵循對客人承諾這一件事看，各部門經理都應有危機意識，或者說，全飯店都應考慮「細節服務」中意識先行的問題。

「小事才是大事」

抓住大事，進行全員培訓，這點並不需要特別強調，因為大事的處理一般都會自上而下，或自下而上地進行，不用培訓已有了培訓的效果，就如重要賓客接待一樣，因為是重要賓客，主要經理都會督陣，所以，一般不會出問題，不必多作培訓，反而是日常的接待，是小事，才要引起全員的注意，一點都不能放過。

小事才是大事。

用「心」追求完美（細節）溝通

為實現對客服務的完美溝通，或為準確把握客人的交代，各部位之間應在日常保持好密切溝通。這是基礎，不能急來抱佛腳。

其次，是書面交接客人要求，並傳達下去。比如在上例中，當班員工應明確在交接記錄中說明：

「某某號房間客人某某設置勿擾，謝絕A的電話或拜訪。客人入住時間自某月某日至某月某日，請注意。」這個資訊不論在住宿當天，還是預訂後未到期間以及結帳時，各服務人員都要堅持統一的口徑。

當然，有人會反對「小題大做」，認為這是「接線員的簡單業務」，向全飯店提醒或培訓沒有必要。其實，大錯特錯。

為什麼？

因為客人不一定只對櫃臺說「請不要轉到我房間」，也許會在餐廳或酒吧裡提出這樣的要求，我們能置之不理嗎？

追求零投訴，以滿足客人要求，是飯店行業的常識。因此，客人的小事，才是我們服務與管理上的真正大事。

延伸的資訊服務

即使客人拒絕轉接電話，也有必要把來電事實傳達給客人。作為完整服務，這一點不可缺少。當然，現代化通信硬體的發展，使得外邊打來電話也能以語音留言的格式保留，客人看到電話留言資訊燈閃亮，只需按下按鈕，就可以知道留言內容，的確方便了很多，但也顯現出了保密管理的漏洞，需要我們更加細緻的服務來彌補。

如果沒有自動留言設備，則要記錄客人留言，至少應告知客人「某時某

分某某來電話」。這時，飯店的信使功能還是不能簡單放棄的，要有專人每天奔走於樓上樓下。

超越組織規範，進入心理層面

如果透過上述案例的處理及其事後分析，能夠形成專項工作流程，那麼，這個工作便納入了飯店組織的進程裡，今後，凡處理相同問題，只需根據守則採取統一行動就可以了。

不過，對客服務的細微處，還要超越組織化，展現「待客之心」。因為規範、流程的基礎是「絕大多數人的共同行為」，難以對應個性需求，難以深入到客人為什麼說「不要轉接電話」這樣的深層心理。

比如，客人拒絕電話，是因為打電話的人？還是因為太疲勞，想好好睡一覺？還是害怕接起電話來說的沒完沒了影響工作呢？理由很多，動機也有無限的可能性。能按規範處理嗎？假如客人的兒子不幸遭遇車禍，他妻子十萬火急地打電話急於找到他，不轉接嗎？如果客人掛出「勿擾」牌僅僅是因為想休息，飯店好意擋住特急電話而影響了重要業務，客人會不會在第二天說「為什麼沒有把電話轉接給我」，從而對飯店產生不信任感？

因此，合格的飯店員工並不簡單，他們是察言觀色的專家。如此，才可能博得客人的由衷讚賞，也才有客人由衷的滿意。

六、防止無理取消預訂

飯店銷售的是「現在」

飯店提供的是服務，要以此換取客人的消費——用錢來換一種「時間與空間的特別價值」，是非常難的。也正是因「時間和空間」不會留下形狀，所以，看慣了有形產品的客人在對應服務滿意度上，往往難有統一的心理標準。

為此，我把飯店產品定性為「現在」，即飯店所銷售的是「現在」，一旦過去了，就不能再拿回來。於是，製作、銷售這個「現在」，便必然遇到很多特別的問題，如何讓客人舒適地度過「現在」，然後買單？飯店將投入大量的準備力量，包括準備房間、宴會預訂、宣傳廣告等等。然而，如果這

些都被客人拋到腦後，說一聲「不值」，飯店的損失豈非很大？

的確如此！

客人說「不值」的方式很多，預訂了之後又不來消費，是其中之一。

收不收違約金

一位客人預訂了十桌宴會，並按照飯店要求交納了一萬元訂金。後來，客人因故無法舉行宴會，便要求退訂金。他的理由是「沒有用餐，為什麼要付錢」。之後，又講道：「上個月，我也取消了在某某飯店的預訂，他們也沒有收取違約金啊。所以，你們也免了吧！」

飯店的理由很簡單，也很充分：

1．餐飲原材料已經採購，部分湯品已經加工，費用已經發生，所以，應該補償。

2．客人佔據了時間和場地，無法預訂給別人。

首先，我們自己要對自己的服務投入有明確的認可，而絕不能簡單地說：「我們給您免了吧。」這是在否定服務有償的這個規則，也往往難以獲得客人的滿意。

這樣的客人尚未理解服務。

而另兩種回答也不可取。一者，「我們飯店不是某某飯店」，給人一種過分維護自己立場的感覺。二者，「我們飯店規定必須收取違約金」，會讓客人更加不理解服務為何物。

可能正確的做法

其實，根本就沒有什麼所謂的正確做法，我們能強調的，只是正當的出發點而已。

隨著競爭的加劇，宴會當天被客人毫無顧忌取消的情況越來越普遍，而且，店家為了拉住客人，寧肯損失其小，也要含笑保留其可能的大。這是做法之一。

之二，是簽訂合約。大型宴會大抵如此，合約會規定好雙方的權益及賠償條件，以爭取最佳保障。

之三，就是現場經理依據當地慣例的靈活處理。不要小看約定俗成的慣例，要用好它。如果有同行破壞這個慣例，我們還可以透過協會約束或直接向他們提出抗議。

七、自帶禮品的事

近年，婚宴、商務聚會活動，大都會向受邀客人發一些紀念品或小禮物。這些物品，有時是飯店提供，有時是宴會主辦者自己帶來。發給客人時，大家都高興，但物品看管的問題誰來管？

某公司在飯店舉行酒會，慶祝週年。宴會後，每人贈送一份公司自己生產的玻璃製品。宴會在高亢的氛圍中結束。皆大歡喜。但就在次日，便有當天受邀客人和一些自報姓名的客人打來電話，說當晚他們拿回去的禮品有破損，要飯店給個說法。

要搞清破損問題的責任很難。是飯店管理不善導致？是在禮品送進飯店之前就破損了？還是產品本來就有瑕疵？這些都不得而知。

飯店當然不會為此買單，於是，就會受到「服務品質糟糕」的抱怨。

處理

有道理嗎？沒道理。但客人就是「道理」。

但也有時，因為考慮到飯店信用問題，飯店可能會答應投訴客人：出面與公司聯繫，爭取妥善處理。這裡至少有飯店人工等費用的支出，宴會利潤因此受損。

因此，宴會預訂人不要輕易答應客人「自帶物品」的要求，或至少簽署一個書面協議：飯店對所攜帶物品不負擔品質責任。

還有些自帶物品可能與飯店產品衝突，如酒水、飲料，甚至部分食品，都可能引發後續的糾紛。

另有一些飯店，要求客人繳納物品入場費或服務費，如「自帶酒水開瓶費」等，而客人則會提出免費要求，並在大部分情況下都會獲準。

擁有成本意識

一般而言，飯店應堅持合理收費的原則，不宜免費。

1．如果物品要寄存飯店多天則應收取倉庫場地費、保管費。

2．如果帶入物品是玻璃製品，易破損，則應建議客人在宴會開始前一小時再搬入會場。

3．現場封袋作業由飯店員工來做，應由客人支付相應的人工費。

這些事項，均應提前確認，並透過書面檔執行。

為什麼必須這樣做？

以一件物品為例，要達到使用目的，必須包括搬運、開包、再包裝、封袋、發放、垃圾處理等環節，對飯店而言，其實是額外工作。

4．如果客人要使用飯店包裝袋，將產生直接投入，故應收費。

同時，這裡還有隱患。如果客人從印著飯店名字的袋子裡拿出損壞或殘缺品，即使是飯店能強調自己只是幫助主辦方做「輔助工作」，也會損壞飯店形象。大部分物品在運入飯店時是不經飯店檢查的，因此，飯店對此無從主動把握。

物品帶入其實是很複雜的問題，也是很花經費的服務，所以不能免費。

5．免費是要有原則的。

這個原則，就是判斷客人飯店之間是否存在共同利益關係，如果是，如長期合作、重要客戶、上級指定等，則可以透過協商，飯店分擔部分或全部費用。但無論如何，都不能認為免費是理所當然的。

因為我們所提供的服務內容，是一種「時間與空間的特殊價值」，否定這一點，就是否定我們的全部勞動。經理人員尤其要注意這一點，個人之間的人情，代替不了那個價值。

八、抱怨可能上升為訴訟

「破財消災」的失誤

面對客人抱怨，大多數員工的處理思路，是用錢（減免費用）或物品

（免費補充提供）來解決。但現在我們知道，問題遠非如此簡單，因為背後有深遠的成本與管理問題。

再者，如果養成以免費形式處理客人抱怨的習慣，以後遇到問題怎麼辦呢？至少在處理技巧方面我們不會有任何進步。而且，可能在處理問題之前，自己就已陷入最被動的意識失誤：「我付多少錢可以呢？」

現實中，只要設身處地地考慮，就能明白，用錢使雙方都滿意的事情，幾乎少之又少。最糟糕的，是這個思路可能導致大家在「數目」上糾纏，且極可能因此而發展到訴諸法律的境地。

「好心好意」代替不了規則

自認為已經提供了最好的服務，或出於好心好意去解決問題，但仍可能惹上官司。不要恐懼，而應有所預料，或者說，飯店應時時準備因任何閃失而被告，並在此前提之下兢兢業業地做事，把可能的損失降至最低。

近年來，飯店與消費者之間衝突不斷，而損害賠償訴訟，常常更加偏向於消費者。

一個例子

「我丈夫在飯店裡跌倒，頭部受傷，後醫治無效死亡。原因很簡單：飯店工作人員沒有及時把他送到醫院。」

死者妻子以此為理由，把某飯店告上法庭，要求損害賠償，並最終勝訴。

當時，這位客人在飯店公共衛生間跌倒，被其他客人發現，員工按照本人的要求，把他送到房間。員工表示要叫醫生來，客人說沒必要。員工就把他扶到床上，讓他休息，然後離開。第二天的早上，客人在房間裡嘔吐，說他很難受。飯店立即聯繫救護車，把他送到醫院，但因腦挫傷嚴重，不治身亡。法院裁判說：「按住宿關係，飯店經營者要對客人安全負責。」

發生在客人和特定服務員之間的對話，因為沒有第三者的證詞，很難判斷是非，因此，通常是結果說話。飯店要注意這個特點。

雖然是客人自己不小心負傷，但值得注意的是，判決認定「飯店在安全考慮義務上有過失」。也就是說，即使飯店的各個設施已非常完備，或即使是由於客人喝醉酒而摔倒受傷，只要他起訴，飯店也可能因為事後處理不當

而敗訴。

沒有完美服務

飯店面臨的「意想不到」的麻煩還有很多。

一位客人在游泳池更衣室裡穿錯鞋子，便抱怨飯店管理差。

一位客人將錢包放在客房床上，自己忘記了，就去參加宴會，一小時後結帳發現錢包「丟了」，就向飯店抱怨，並要求報警。雖然是誤會，還是引發了一場不愉快。

時刻準備打官司

一組客人參加在某飯店舉辦的宴會，之後，出現食物中毒症狀。目標直指一道海蚌菜有問題。極度憤怒的客人要「打官司」。飯店方面向客人道歉是理所當然的。他們不希望被訴諸法律，因為他們知道自己將面臨敗訴。

但同時，他們又不得不為此作周密的準備。

九、自信地執行規範

像處理客人抱怨那樣處理下屬的抱怨

圍繞客人抱怨的處理，壓力可能不僅來自外部，還包括內部。這是因為針對每一個抱怨的處理，都要預想到部下對上司的判斷是否贊成，是否有疑問和反對，而忽略這些，將打擊部下的工作積極性，得不償失。

上級應該怎樣對應呢？

1．重視。不能因為是「自己人」就忽略。話說回來，不是「自己人」而是「同事」。

2．面對部下的抱怨，應以處理客人的抱怨的態度來面對，也就是說，要從認真聽取部下的抱怨開始。

3．在此態度基礎上，向部下表明：「我明白你的意思。認真考慮了一下，依我的經驗，可能還是這樣處理最好。我想，還是這樣定。」

4．下達執行指令。不必含混，因為這是上司的職責所在。

朝令夕改不一定是壞事

下屬有下屬的立場，我們不能不尊重下屬的立場。

飯店應該授權現場負責人，根據實際情況，調整處理辦法。如果僵硬地透過上司把前一天現場負責人下達的指示在第二天的早上做變更，下屬就可能有抱怨：「這樣子朝令夕改，我們怎麼做？能不能給我一個確定的指示？」

他們將因此而失去對現場負責人的信任。

反過來，大的原則由上級決定，具體做法由現場經理辦，就可以解決這個問題。

同時，上司還要不斷觀察、判斷，以便支援下屬的處理工作。這對大家來說，都是非常重要的。

顯然，朝令夕改不一定是壞事，關鍵看是誰改。

建設自信，給人自信

或即使由上司直接調整，也不能追求「翻來覆去的痛快」，而應跟下屬說清楚：「昨天下達的是這樣的指示，但實際情況有變化，所以，要從A轉換到B。」這是一個態度問題。

記住，現在已經不是那個「我說了算，不聽給我走人」的時代了。

但是，話軟不等於勢弱，換言之，強勢領導仍是絕對的需要。要有這樣的自信，否則，下屬就可能拒絕服從，反而會加速你自信的喪失。這是因為在麻煩處理中，負責人沒有自信，會使事態更加惡化，當斷不斷，不僅不能平息客人的抱怨，反而會使客人越來越煩躁。

兩者權衡，取其大者為至要。大者，就是自信者。

有時，必須把全體人員意志統一到一個有說服能力的人身上。而唯有職業經驗的積累，才能具備這種能力。

總是抱怨上司的下屬，或不能好好服從上司指令的經理，也應自我反省一下：

1．自己平時得到多少下屬的信任？

2‧如果有事，自己能很好地領導下屬嗎？

3‧自己懂得把許可權委託給下屬嗎？

4‧作為上司，怎樣支持下屬，並承擔責任呢？

總之，無論上司還是下屬，在日常工作中都要建設自信，並能給人自信，然後，採取充滿自信的行動。

透過細節體現自信

一次，在一個婚宴上，新郎由於緊張忽然失禁。現場經理得到資訊，馬上到場處理。他沒有跟盛裝的新郎說「換套衣服吧」。而是走上前去，悄悄說「忍一下」。一段時間之後，他創造了一個寬鬆氛圍，然後帶新郎到已經準備好的房間，為新郎換上了飯店準備好的衣服。新郎沒有蒙羞，非常感謝飯店。

這背後，其實有著一個組織靈活運作的靠山，而不是僵硬、死板的命令垂直體系。而僵硬、死板的體系，看似強勢，其實是缺乏自信的。

透過服務等級評估制度建立自信

建設服務資格認證體系，這對建立飯店人的自信很有意義。

應有一個機構來做這件事，如飯店，或飯店協會，或飯店集團，都可以這樣做：

1‧各種服務技能職業學校畢業的學生，即能獲得三級資格。

當然要考核，內容包括學科考試和實習鑒定。學到的實際技能，應至少包括鋪桌子、整理餐具、打掃大廳、床單枕套替換等種種「雜務」，把握其順序和操作要領。

2‧實際工作滿四到五年的員工，將有資格參加二級資格考核。

考核內容應逐漸變化，包括引導客人入座、男女客人排序、呈上菜單、接受訂單、飲料服務、上菜等。這一階段可由六個考官進行評分，尤其要考察與客人對話的技巧。

3‧獲得二級服務資格之後一年，可以參加一級資格考核。

一級資格考試要有英語對話的內容，還要有各種酒水知識，懂得會議介

紹、餐桌開瓶、品酒、配菜以及相關服務技能。因為要在考官規定的時間內完成固定的專案，即使是從事了十年餐飲服務的人，也將無法完全合格。

透過考核的員工，應設計一種標誌，如胸章等，別在胸前，以示區分。一級資格可以是金色的琉璃徽章，二級資格可以是銀色的，三級資格設計為藍色的，應該很有趣。

取得資格的人將充滿自信地活躍在社會中，社會地位也將大大提高。

不妨試試！

第六章 目標：化抱怨、投訴為支持

一、感謝客人的抱怨

服務，一種關於愛的工作

日本是一個服務大國，作家五木寬之寫過一部小說，叫做《大河の一滴》，其中有這樣一段描述：

雨水沿著樹木，滲入大地，但不久又溢出地面。雨水漸漸地彙集，成為小溪、小河，然後，再注入大河。人生亦如這潺潺溪水一般，現世與來世，一一埋入大地，而後，又重返世間。這是一個輪迴。世界就是這樣一個輪迴的平台。那麼，是什麼在支撐著這個平台呢？

是愛。

飯店服務工作的本質，是一種關於愛的詮釋。

當然，這不是限於男女之間的愛情，而是一種對所有生命的感謝之情。所有生命，包括人類，也關涉大自然和宇宙間一切生靈。

生靈，或許是一種無形的存在。在班車上，我們應該感謝早晨，它帶給我們飽滿的情緒；感謝夜晚，它讓我們休息。當我們能時時發現感謝的時候，我們會感受到服務的真正力量和發自內心的幸福感。如果我們能安然而自在地把這種心思用在服務上，我們和客人的人生都可能被改變。

服務是美的，是幸福的，是難得的。如果這樣想，那麼，事情就會向這個方向發展。反過來，如果你只認為「給客人服務不過是一種義務、任務或我賴以生活的工作」，甚或是「沒辦法，不得不做」，那將什麼都沒有。不能感動自己的任何事情，都不可能帶給客人感動。而沒有感動的生活，可能糟糕透頂，或毫無價值。

當然，服務是一種個人工作，但更是一種自尊，因為裡邊包含著最偉大的愛。

即使在處理客人的冷漠反應、抱怨乃至投訴的時候，也應先懷以感恩之

心，感謝那些給我們磨難的人，唯有磨難能見真情。否則，我們將處理不好任何抱怨。

感謝客人的任何抱怨，包括誤解，有則改之無則加勉。這樣，我們將能成功地將抱怨的客人變成「鐵粉」支持者。

有愛（待客的心），要說出來

服務就是表達。

飯店員工從迎接客人那一瞬間開始，就有了用語言表達待客之心的機會。例如，對雨天來飯店的客人說，「您好，瑞雨迎客，歡迎您」和機械地說「歡迎光臨我們飯店」，客人的感受會一樣嗎？

僅說第一句話效果就大不相同。前者雖然有點囉唆，但卻是用心的，是有愛的，能立即引起客人的共鳴，「話匣子」可能就此打開，任何在之後可能發生的抱怨與投訴，其幾率必然降低，因為在此已經有了「洩洪通道」。這是真正的防範於前。

這些本領，我們可以透過看新聞、小說來掌握或豐富，同時，更不要忘記待客禮儀禮貌。

一塊品牌香皂

一位女客人跟服務員說，「浴室裡的香皂和平時愛用的不一樣，有沒有某某牌子的？上次住A飯店時，他們就有。」

客房員工回答說，「好的，我馬上為您找來。」然而，飯店裡根本沒有這個牌子的香皂，飯店商場裡也找不到。這位服務員又到化妝品店去找，終於找到了，並歡天喜地地送給客人。

客人接過來，說：「謝謝你，不過，也花了太長的時間！」

員工愕然，然後，心灰意冷地回到服務間，覺得很委屈，一天都不開心。

問題出在哪裡

那麼，我們該怎樣來評價這個客房員工的行為呢？

首先，問題出在員工的「規範」回答：您所需要的東西，我能馬上給您拿來。有些不假思索，基本上沒有考慮能不能做到與怎樣做、多長時間能做

到。就是「走嘴」沒「走心」。

正確的回答，應該是這樣的：

「如果您需要，我馬上跟服務中心聯繫，請他們按您的要求來處理。完成之後，我會馬上送來。」

這句話中，「按您的要求」幾個字很關鍵，內含「特殊服務」的意思。而上例中的「馬上為您找來」這句話就是例行服務，即飯店已有這種服務。

可想而知，如果做不到，必然引發客人的投訴，因為我們的實際想法和客人的期待之間，已經有了重大落差。這樣，即使是我們送來品牌產品，也可能遭到客人抱怨。

想一想，這件事應該怪誰呢？

在高級飯店裡，客房服務中心應備十種或十種以上的品牌香皂，供臨時選用。

當然，飯店不是百貨商店。但關鍵是要用心。

一句話可以改變格局

在上例中，如果客房服務員能這樣表示，結果可能更好：

「噢，真是不巧，飯店裡沒準備您這個品牌的香皂，給我一些時間，我去準備。」

說話要有目的性（不是投機，而是給自己心靈一個方向），要讓客人清楚，飯店員工「只為我一個忙」，從而感動。

客人的感動，反會影響我們自己的情緒，形成自己的感動。

說話模式的比較

規範：歡迎光臨！

個性：您好，天太熱了，您稍候，我儘快幫您辦好入住手續。

規範：我馬上辦。

個性：我馬上向上級報告，爭取馬上辦好，我再跟您確認。

規範：我們飯店沒有A服務。

個性：不好意思，我們飯店沒有這項服務，但如果是B服務的話，可以馬上為您辦。此外，我們還為您準備了B以外的C和D服務。

同樣一句話，不一樣的說法，結果大不一樣。

一個是給人方便、給人自信、給人歡喜；一個不是，不僅不是，還可能使客人的抱怨升級。

學習型飯店，首先就要學習這些。

二、讓客人感動

組織運作的兩面性

人是社會動物，因此，常常成為組織中的一員。

這樣就有一個問題：一個組織，作為集團，在考慮推行其運作體系的時候，便不可避免地要強力建設金科玉律，以求約束。透過制度約束，使組織功能與效率發揮作用。飯店亦然，多數情況下，大家都是以員工手冊、服務指南、流程及各類規範行事。

反過來說，這也是一種束縛，會約束員工待客處事的靈活性。

規範、流程與守則不是萬能藥。

然而，飯店服務不光需要組織，還要有其靈活性，因為人是五花八門的，我們有時要以不變應萬變，有時則要隨機應變，不能機械地守規矩。

這是飯店工作特點決定的。

在投訴、抱怨處理中，人際關係介入其間，什麼人、事件內容、發生的時間、地點不同，客人反應都會有很大差異。在這種情況下，如果我們仍然墨守成規，別說給客人感動，更別說使客人轉而支持自己，恐怕連眼前的問題都解決不了。

規範、流程與守則是用來教育新人的

飯店提供給客人以精神服務，故其守則也便應具有精神性，於是，常常成為精神性的條條框框。

有用沒有用？有用。

對誰有用？新員工。

換言之，守則的意義更多地還在於給經驗不足的新手作崗前培訓；或作為違規處罰的依據。

過去的新人教育，多用懲罰來使他們記住，如考核不合格將被罰款，或下崗再培訓。現在的情況有很大改變，如飯店人手不足已成為行業性問題，簡單懲罰已經不再奏效。於是，只能用嘴巴來教育。既然嘴巴教育如此重要，一些錯誤和不適宜的口頭禪，便可能很快汙染新人。因此，要以守則為學習範本，讓他們記住。

但無論怎樣說，規範、流程與守則，畢竟是根據飯店的情況來編寫的，大部分內容與客人的現實需求無關，或頂多是「自以為有關」。

這正是關鍵所在！

麥當勞的一個例子

為了防止說話失誤，麥當勞服務規範規定：要詢問客人是在店裡吃，還是帶走。

一天，一人來店裡買了十份漢堡。員工仍然按規範問道：「您要在這裡吃嗎？」豈非天大的笑話。

客人會為此而感動嗎？

需要積累正確的經驗

一般而言，只要正面的、積極的、主動的作用占服務的主導，客人會感動，會說「你很機靈」，或表示「你為我做了這麼多，我很高興」。

反過來，機械的、被動的服務多了，時間長了，客人一定反感。

因此，持續積累正面、積極、主動的服務引導經驗非常重要。這些，最能打動客人。

一個釦子的故事

一位常客把飯店洗好的襯衫拿給客房洗衣主管，道：「衣服沒洗乾淨。」

洗衣主管立即表示道歉並表示重新免費清洗。他細心檢查了沒洗乾淨的部位，同時發現，襯衣的一個釦子有破損，另一個快要掉了，就從自己準備的釦子中挑選了一個合適的，為客人縫上，也把那顆快要掉的重新縫好，然後送洗。

幾天後，客人來到洗衣主管辦公室，感激道：「謝謝你，都洗乾淨了！還為我縫了釦子。你的服務很周到。謝謝！謝謝！」

感動，就是在這樣的服務過程中產生的。即使在處理抱怨時也一樣，要超越那些應該掌握的守則以及客人眼前的問題，「順便做一些事情」。

「順便做一些事情」，真的是「順便」嗎？是用心。

而「用心」的結果又是什麼呢？是客人的感動。

三、電話拜訪時機的選擇

銷售電話打給婚宴父母

某飯店的宴會銷售部員工常常從飯店的婚照服務部尋求一些幫助，那裡有訪客的住址及電話。他們可能馬上結婚，現在正在尋找舉辦宴會的地點。於是，他們幾乎每天晚上八九點都會做一組電話拜訪，感謝他們光臨飯店，同時，爭取他們在飯店舉辦婚宴。

有時候，他們甚至將電話打到他們父母那裡：

「感謝您兒子今天光臨我們飯店。現在辦婚宴都需要父母幫忙，我們會努力滿足您的要求，希望您考慮在我們飯店辦婚宴。有任何需要，請隨時跟我聯繫。我是宴會銷售副總經理，名叫某某，我的電話是某某某某。如果有必要，我們也可以直接登門拜訪。冒昧給您打電話，謝謝！」

話到這個地步，拜訪即可以告一段落了。

實際上，這樣的電話的確給他們帶來不少生意！

時間與時機，電話與電郵

上例中，我們能看到一個問題：如何選擇時間與時機，抑或電話與電郵？

顯然，這是經驗之談。晚上八九點鐘不宜登門拜訪客人，那不合適，客人不會感動，反而會覺得麻煩。因為這個時候，常常是一家人在睡前團聚，喝茶聊天，因此，適合電話拜訪。

當然，在這個時間發電子郵件過去是沒有任何問題的，但同時，也可以保證基本沒有效果。這是因為電郵不是語音交流，很難表達感情。

四、投訴的客人是飯店新品的第一發明者

抱怨是寶

客人的抱怨，實際上就是他透過體驗服務，並從自己的角度出發，對飯店服務與管理提出的改善建議。如果我們都能作如是想，那麼，處理客人投訴、抱怨的背後，將有一股充滿期待與快樂的力量，而不是相反。

現場處理抱怨，確實要講究技巧，要「短（時間）平（態度）快（決策）」地解決問題。但解決了眼前的問題，還不夠完全，還必須使這個過程能成為接下來工作進步的一個階梯。於是，要求我們聽到客人抱怨之中的「建議」：改善飯店設施的，增加服務舒適性等等。即使一切都可以「妥當搞定後就忘記」，唯有「建議」，必須放到大腦中。

事實上，很多飯店的新產品，都是由投訴的客人開發出來的。比如，客人抱怨客房隔音有問題，我們不妨認真去尋找解決問題的辦法。推倒重來不現實，問題在哪裡？可能在牆壁不嚴實或太單薄，但更可能出在天花板內，沒有砌到頂。然後尋找專家商討解決方案，可能我們就因此而發現了一種物美價廉的材料和特別的施工方法。這是誰的功勞？客人的。

或如客人說：「你們在這一點上可以參照某某飯店的某做法……」其實，也是一個創新的指令。我們不妨去同行那裡考察、交流，便可能取得進步。反過來，如果固執地認為自己是老大，甚至說「我們就這樣，沒辦法改」，則等於把客人的抱怨當耳邊風，就浪費了改進服務的機會。

時差反應

一位歐洲客人從機場直接到飯店，長時間旅行，時差還沒倒過來，很疲勞，以致於心情不好。他希望快些進房休息，偏偏櫃臺服務員根據規範喋喋

不休地確認用餐及退房時間。他非常不悅，大聲說：「老兄啊，能不能免問了，我還不適應時差，能不能讓我去睡覺啊？這是什麼服務啊！」

顯然，他是在鬧脾氣，但大部分服務員會莫名其妙，且不認為自己做錯了什麼，並堅信客人有問題，頂多相互周知「某某客人刁鑽，接下來要小心」。

而正確的做法，應該意識到時差問題，並可以設定「時差服務」流程：從用餐的菜單，到按摩專案，到登記手續及退房時間確認等，賦予櫃臺靈活處理的權力，那將能幫客人消除時差帶來的煩惱，並贏得更多客人的滿意。

這是將客人抱怨轉化為飯店產品的一個很好的例子。

抱怨與商機

只要我們用心，那麼，我們將「感覺到」，很多抱怨中隱藏著可能熱銷的產品。只要我們能活學活用這些抱怨，那麼，飯店將誕生很多「商業計畫」。如果這個商業計畫能成為熱點，結果將令人欣喜，因為：

1．因市場需求而生的產品，通常有魅力，並能幫助我們成功地創造出與其他飯店之間的差異。

2．提出計畫的員工將獲得獎勵，或能證明自己的能力，為自己的晉升加分。

3．對抱怨的客人來說，會覺得受到了尊重，認為「飯店善於聽取建議」，甚至可能很感動，進而轉為飯店的「鐵粉」支持者。

同樣的抱怨頻發，則要檢討

當然，也不是要接受吸納客人的所有抱怨。原因是把客人抱怨轉化為商品，再推到市場，要花費大量的時間和經費，所以，飯店要慎重考慮、審查，這樣才能均衡創新收益與投入成本。

但是很多客人同樣的抱怨達五六次，對飯店來說，就不是「借鑑」，而是一個「傾向」問題，要在飯店內部展開討論、檢討了。

五、設備服務帶來新抱怨

傳真機很吵

越來越多的飯店在向客房導入一些「家用設備」，如傳真機、電腦、印表機、免費上網等，以滿足商務客人更多的要求。或即使房間裡不常設這些，也可應客人要求，出租並提供相關服務。在資訊化時代，這對飯店來說，已是不可缺少的服務了。

但也不是因此就一定加分，有時，也可能成為客人抱怨的一個原因。

一天深夜，某飯店客人從客房打投訴電話到櫃臺，說「傳真機信號噪音太大，根本無法入睡」。這位客人的神經大概很脆弱。

這就是問題所在。大部分飯店客房都有直撥電話，只有客人拒絕直通，傳真機才能被關閉。在社會日益國際化的今天，二十四小時資訊傳送已是常規服務，非常便利。但反過來講，就是這個便利開始輕易地侵入個人私密空間。

所以，飯店還是要把握好自己的定位，飯店不是辦公室，也不是家，關鍵是回歸起點：飯店是確保客人健康、安全、安心、舒適之所。

用心：賦予設備人情味兒

沒有人情味兒的設備是冰冷的，而且常常惹禍。換言之，任何設備進入飯店，都將不僅僅是設備，而一定是人的服務的附屬品，因此，要為其注入富有人情味的靈魂。

要用心觀察有沒有應用最新技術的設備上市。如果有不發出噪音的最新設備，則要立即更換。於是，又有一個新問題：單純追求硬體便利，會由於技術革新速度太快而陷入折舊泥沼裡，即老設備成本還沒收回，新式設備又要引進，最後難以為繼，使得服務帶不來相應的收益。因此，我們不能單純地把目光放在硬體上，更要從人的服務主體方面下工夫。

這是飯店的最終價值所在。

就是說，要透過員工與客人之間的直接溝通、確認，達到既方便客人又不至於引發投訴的目的。比如傳真機噪音問題，就可以與客人約定，到了某一時間，就轉到飯店商務中心接收，第二天早上，再在指定時間送到房間，以確保不會誤事。這樣，服務就從透過增強硬體設施，追求「普遍的客人滿意」，昇華到「個性滿意」。

就本質而言，設備服務可以代替人工，但永遠代替不了人的服務。

飯店設備領先於一般家庭水準

不過，由於家庭的電器設備在不斷更新，客人對飯店的設備也就越來越挑剔，對硬體要求一路提升，因此，我們固守舊有格局也不行。有時，飯店可能「被迫」花大成本對硬體進行改造，否則，也會引發客人抱怨、投訴。

我國飯店業從建立到運營，大都採用了歐美模式。這使得它的設備大都能長期保持領先於一般家用水準，這是我們飯店業的一個特別優勢。

設備落後會引發投訴

因為引入歐美的設備需要大量環境工程的配套，而我們的城市公共體系做不到，而飯店要做到這一點，必須進行獨立於城市公共設施的項目投資，成本通常居高不下。於是，也有飯店以家庭標準（如經濟型飯店、家庭旅館等）進行硬體投資的。但若在高星級飯店，這也將引發投訴。

在某飯店，一位日本客人剛入住，就投訴到櫃臺，抱怨衛生間裡沒有溫水清洗器。他粗聲粗氣地說：「到底是因為飯店本來就落後？還是你們經營者小氣？」

這類抱怨很常見，只是大多數客人不直言就是了。為消除這類抱怨，或許飯店可以一口氣改造設施，但這絕非易事。一個清洗器，意味著上下水管道、電路、防水系統等都要改動，絕不是一個小工程。

一般情況下，一個房間可能要花費幾萬元，若房間改造，餐廳、宴會廳洗手間就面臨壓力，也不得不改造，算下來，投入巨大。所以，必須慎之又慎。換言之，每一位員工都應知道，客人的一些建議，雖然重要，但也不是飯店馬上就能做到的。

有了這樣的心理準備之後，我們便可以知道，應該在哪些方面作進一步努力了。

六、推出新服務專案（產品）

取之於客人抱怨、投訴的個性化服務專案開發流程

1．來自客人的抱怨、投訴或建議。

2．飯店進行服務（商品）設計，落實開發企劃。

3．飯店決策層組織相關部門研討、判斷其可能性，並作出安排。

4．實施必要而最低限度的硬體投資。

5．組織、實施最優質的人的服務。

6．新服務專案（商品）的推出。

「金鑰匙服務」：雖非無所不能，但能竭盡所能

一位來自瑞典的針筒製造商拿著一張記錄著國內八家生產針筒公司的名單找到飯店禮賓部，希望能幫他在兩三天內聯繫到這些廠商。

顯然，這不是飯店常規服務的內容。但因為飯店有了「金鑰匙」，一切變成可能。

「金鑰匙」立即行動起來，透過電話聯繫、其他城市飯店的「金鑰匙」同行幫忙，或找熟人搭橋，前後奔忙，終於如期完成了客人的囑託，還把商務洽談的時間都安排好了。客人非常高興，按協議支付了可觀的「委託代辦費」。

這就是飯店「金鑰匙」服務。這類服務的正規稱法是「委託代辦服務」，一般設在飯店行李處，或稱禮賓司，由獲得「金鑰匙」服務資格的員工（通常被稱為「金鑰匙」），給客人提供與城市功能相關、合法的「任何服務」。當然是有償的服務。

這是世界飯店業為解決客人抱怨，滿足客人的預期而設計的一個特殊服務。

「金鑰匙」服務的理念，是「用心極致，滿意加驚喜」。

將個體的「金鑰匙」服務化為組織行為

有些事情太重大了，可能靠一兩個「金鑰匙」無法承擔。於是，某飯店導入「金鑰匙」服務理念，開設「外商服務沙龍」，並取得了成功。

「外商服務沙龍」，是把飯店當成國外客人在國內從事商業活動的一個「前哨陣地」。沙龍不僅提供一個場所，還要負責找到與他們的期待相對口的公司、政府部門，創造條件和機會，提供廣泛的資訊，包括為外國人提供工作上的支援。這樣，就將個體的「金鑰匙」服務，轉化為組織行為。

當然，他們不是貿然實施的，而是進行了充分的計算：

預算多少？可能的利潤多少？成本多少？投資能否達到預期效果？

任何一個計畫的制訂、實施，首先，要審慎考察計畫本身，把上述的每一個問題都考慮清楚。然後，嚴格控制先期投資，在取得一些業績之後，逐步充實硬體。

裝修、傢俱、通信設備等都可以從簡，但人的服務則絕不可有任何弱化，他們創建了一個二十四小時服務的祕書團，並在本飯店員工中選拔最合適的兼職者。

現在，這項服務已堅持了20年，而且發展勢頭很好。

飯店業務的四個傾向：感、混、創、才

1．「感」。飯店業務應該充滿感性。因此，要培養員工追求自己感興趣的東西，從而敏銳地拓展新的服務業務。

2．「混」。飯店業務，應是混業經營，而非單一作業。因此，必須考慮到各種要素、資源的組合，以形成一個合作體系。

3．「創」。無疑，飯店業務應落實在一個發明、創造、革新的體系之上。

4．「才」。尋找並培養有才能的人，這是飯店運營根本之中的根本。

七、培養發現細節問題之心

要有好奇心

對一個合格的飯店從業者而言，要對所見所聞抱有好奇心，包括以這樣的態度對待抱怨和投訴。當然，這個好奇心不是懷疑之心，而是與客人站在同一視點上，去發現細節問題之心。

但做到這些並不容易。很多細節問題都被忽略了。有人統計過，在十位客人中間，可能是只有一位客人的細節問題真正被發現，並得到了積極處理。

也只有這樣，才能算「完滿處理了」投訴、抱怨。否則，都不算，只能是「處理了」。

為什麼要關注客人問題的細節？

因為客人的抱怨、投訴，常常起源於一般人毫不在意，或我們習以為常、不以為怪的地方。就是說，問題大都不在明處，而在暗處。

建立一個收集客人意見的機制

某飯店建立了賓客意見收集制度。他們給每一個服務員配備A/B兩個《賓客聲音簿》，每天裝在袋子裡一個，並要求服務員隨時記錄客人的聲音，如電梯裡、通道上聽到的，為客人送行時的意見徵詢，客人抱怨或建議等等，無所不記。

《賓客聲音簿》每天下班之前都要提交給上級。

上級則要摘要上報，並在聲音簿上次附員工的記錄。因為有A/B兩個《賓客聲音簿》，所以，員工手裡總有一個。

摘要問題，也要有一個回覆，重要意見還要在飯店員工布告欄裡張貼。

對發現有價值問題的員工，要及時表揚；對提出有價值建議的員工，更要給予獎勵。

這樣，該飯店就形成了一個促成全員關注客人細節問題的機制。

一個例子

在某飯店，一位客人漫不經心地對客房服務員說：

「你們飯店公寓房臥室跟廚房布局不大協調。」

一般而言，服務員對這樣的話不大會在意，因為客人不是在投訴，也似乎沒有抱怨，隨聲附和一下也就是了。但用心的服務員則很敏銳，她立即將這句話記錄下來，並反映到了經理那裡。經理也很注意，就立即檢查了服務記錄，發現客人已經在兩個小時前退房。他又到房間確認，而員工已把房間整理乾淨，看不出問題可能出在哪裡。

他百思不得其解。

為此，他開始仔細檢查、體會客房內部布局、空氣流通狀況、廚房氣味、傢俱擺設等。然後，請服務員回顧客人退房時的房間狀態，如客人有沒有移動什麼。

一般而言，員工完成一個房間的打掃，大約需要20分鐘，其間也可能兩三人合作。只要認真檢查，即使已經恢復整齊，還是會留下客人的痕跡。前面客人的痕跡，如體熱，在兩小時之內不會退完。因此，真正細心的員工和經理，會把握好這個時機。

當然，有些客人可能有潔癖或其他怪毛病，意見不足取。但我們怎麼能知道所有客人都這樣呢？因此，我們必須假設每一位抱怨客人都是正常人。我們要像偵探那樣，找出他們是被什麼「東西」侵害了心情。或許是房間的布局，也可能是洗浴間或床上殘留的頭髮，也許是看電視櫃架不在正中間而感到不順眼。

總之，要細心去發現問題包括及時性。

落實三級檢查制度

怎樣做到及時呢？

還是要落實在制度上，如三級檢查制度。

員工打掃房間前要先觀察，看看客人遺留了什麼沒有或動了哪裡，是有意的還是無意的，等等。如果有，則要記錄下來，及時調整。如客人喜歡睡一個枕頭，或喜歡蓋雙層被子，就可以在之後的服務中關注了。

此為第一級檢查。

打掃完房間後，要由專業領班以專業目光來檢查。重點看客人會不會遺留下什麼不滿（細節問題），如室內空氣有什麼不同。然後，才是檢查房間清掃是否符合規範，等等。一旦發現問題，必須要求員工修正或重新打掃。這種嚴格的態度，是防止抱怨、投訴發生的必要前提。

此為第二級檢查。

部門經理應該抽查最後結果。

此為第三級檢查。

如果有VIP客人，還要進行第四次檢查。

也許客人沒有抱怨或投訴，但就是沒有抱怨，我們也要把自己轉換到客人的立場上，去找抱怨的理由，即養成以疑問眼光去追求完美的習慣，才叫優質服務管理。

這也是善於發現細節問題之心的一個例證。

當然，這個方法也可以應用於餐飲及其他所有服務的檢查上。

最大限度地防止客人抱怨本身，就是一種好的服務

那些擁有發現細節問題之心的員工，將是飯店的一筆大財。

這些員工在處理其他問題方面，也將表現出自信，而只有自信的員工才能給客人帶來有自信的消費。

須知，任何抱怨、投訴，其實都來自對自己的不自信。客人之所以抱怨、投訴，是因為他沒有信心控制他所面臨的局面，故而「求援」。反過來說，那些讓客人感動的服務，無一不出自有自信的服務。

因為給人自信，客人受到感動，進而變得愉快，抱怨也將因此而煙消雲散。

因此，有思想準備，不緊張，自然、平靜、靈活以待，非常關鍵。客人將由此獲得安心、舒適，以至於內心的感動。

我們說，最大限度地防止客人抱怨本身，就是一種好的服務。

記住客人的習慣

通常，客房內的電話機都放在床頭櫃右側。但如果客人是左撇子呢？他就可能把電話機移到枕頭左邊。發現這一點怎麼辦？試想一想，客人外出後又回到飯店，見房間被整理好，而服務員已經按照自己的習慣或規範，把電話放回了床頭櫃右邊。客人會感到高興嗎？

優秀的服務員則會記住客人的習慣，不僅電話，連煙灰缸（如果有的話）都會改放在左邊。還有，如果客人要求換房間，那麼，行李員會注意到客人用行李箱的習慣嗎？能否按照之前的樣子，為他們擺放行李呢？

培養洞察力

優秀的迎賓員透過觀察客人到達飯店玄關的狀態，就可以判斷出他們是來吃飯的，還是住宿的，或是開會的，並據此選擇適當的問候：「歡迎您，會場在左手邊。」客人會驚歎：「我的臉上寫著了嗎？你怎麼知道我不是來吃飯的？」

其實，迎賓員大多是透過客人隨身攜帶的物品（行李）來判斷的。

驚人的記憶力

一位迎賓員看到一位客人走下車來，就問候道：「某經理，您好！生日快樂！」

客人驚訝不已：「你怎麼知道我的名字和生日？」

迎賓員就告訴他，說自己能記住來店客人的車號，還有司機的名字。同時，他還會關注店內每天的重要來賓預訂狀況通報，因此，知道大多數貴賓的情況。

客人後來給飯店發來傳真，說：「儘管只有一句話，但我感受到你們服務精神的精深。我非常愉快。這是我生平第一次遇到這樣的接待。」

《飯店服務暗訪報告》之一

前言

我希望這次暗訪是一個愉快的經歷。同時，我也將對我所見所聞的問題，不折不扣地提出自己的意見。

飯店就像一個舞臺，我是來看戲的。但為了看好戲，我必須深入其中，或成為其中的一分子，才能真正體驗到，並提出自己的觀感。說差的，大家不要怪我，說好的，大家也不要驕傲自大。這是體驗經濟時代的基本特點。

飯店的名字我早就知道，報紙上有宣傳，我也瀏覽了網頁，並知道你們的經營理念很有味道：「給人方便，給人自信，給人歡喜！」

這該是一種怎樣的服務呢？我很想體驗一下，且充滿期待。

現在我的旅行開始了。

我透過合作廠商訂房中心預訂了你們飯店。當然，我特意告訴訂房中心說，我也是做飯店工作的，並且是某某飯店總經理，希望他們能用心地查證我在別的飯店的待遇。

深夜到達

到達大廳的時間要比預訂時間晚很多，我事先給飯店裡打電話說：「我是某某，預訂時說下午6：00到，現在要晚一些才能過去，大概在晚上11：30之前，請幫我確認並保留房間。」

晚上11：00左右，我與當地的朋友一起乘計程車到飯店大門。

朋友也想看看你們飯店。

計程車停穩後，迎賓員很快地為我們打開車門，接過我的包，使我順利下車。

一起下車的朋友就對他說：「我還要坐這輛車回去，麻煩你告訴司機，就在這裡等我。」

迎賓員答道：「好的。我會讓他把車停在停車場。」

說完，把手提包遞給我，就去引導計程車了。

登記，然後進房

在離櫃臺還有15米的地方，就聽到櫃臺服務員的問候：「歡迎光臨」。

我告訴她說：「我已經預訂，我叫某某。」

她就拿出登記表和筆遞給我，請我出示證件，並表示說：「我幫您登記。」再後，請我簽字確認。

這時，一位領班模樣的員工走向前，道：「您是某先生，我們一直在等候您。」

到這裡，我和朋友告別，拿到鑰匙，向房間走去。

因為有行李員幫我拿包，我就能空手走，兩個人並排走到電梯，並到了36層。

在房間的前面，已經有人在迎接。寒暄之下，知道是值班經理。他親自從行李員手中接過鑰匙，為我打開房門。他知道我是同行，就請示我是不是要省略房間防災設施和避難路徑等情況的介紹。我要求介紹，於是，他給我做了仔細的講解。

這時，我發現床鋪還沒有整理好，床邊也沒放鞋墊，就問：「你們飯店不放床邊鞋墊嗎？如果沒有也沒有關係。」

他們一邊整理床鋪，一邊道：「哪裡，馬上給您拿來。」

說完，就跑出房間。

睡覺前

我決定向員工提一些要求。

我問道：「我要吃藥，需要好一點的水，冰箱裡有嗎？」

員工回答道：「有礦泉水，是免費的。我馬上給您拿來。」

我就對他講：「謝謝。我馬上要洗澡了，我會把門開著，在我洗澡期間請把水送到我的房間。」

我特意半開著浴室的門，以便在洗澡中也能聽見門鈴響。

門鈴響了，我就大聲回答說：「門開著，請進！」

門鈴聲停了。

我穿好浴衣，進到臥室，但水並沒有送來。這時，門鈴又一次響起。值班經理把水送了進來。

趁這個時機，我就把第二天的計畫告訴他。我說：

「值班經理，我明天早上要早起，咖啡廳幾點開門？」

「6：30。」

「很早呀，一般飯店都7：00開始營業。我想喝一杯咖啡再離開飯店。6：30，能為我準備好咖啡嗎？」

值班經理回答道：「沒有問題。」然後，告辭道：「請您早點休息！」就離開了房間。

我想看電視，可打不開櫃門，好像上了鎖。沒辦法，只好打電話給櫃臺，那位值班經理又一次來到我的房間，為我把電視櫃門打開。

床頭枕頭邊上，放著兩個英式玉米甜餅。因為剛刷過牙，我沒吃就睡覺了。

第二天早上

早上6：20，我下到一樓。先到櫃臺結帳，然後，走向咖啡廳。

6：25，離營業開始還有5分鐘。我問咖啡廳帶位員：「我點的咖啡已經準備好了嗎？」

她回答道：「已經準備好了，正在等著您呢！」

坐在座位上。6：30，咖啡如期送到。

喝完咖啡後，我就拿著包，乘計程車離開了飯店。

後來

兩三天后，我收到飯店總經理署名的問候信，感謝我的光臨，並認為服務不完善，非常抱歉，請我務必指出來，等等。

評價

假如服務評價設定滿分為100分，應該給飯店打多少分呢？

我的評價是這樣的：

哪裡有VIP服務？就連一般客人的接待水準都不夠。感覺欠缺待客的熱心，既不能考慮實際情況而被規範束縛著。

首先是迎賓。深夜的時候，飯店門口的車已經不多了，我的朋友從下車到在櫃臺和我告別，只需幾分鐘時間，有必要讓計程車停到停車場嗎？沒有充分考慮到我朋友回頭乘車的時間。再有，立即把手提包還給我，那裡離櫃臺還有15米，這是一個大錯誤。此前接我手提包的時候又是默不作聲的，也不對。一般常識，迎賓員應直接把行李轉給行李員。

然後，是櫃臺接待。又怎樣呢？打招呼的方法有問題。我已提前告訴他們，我將在晚上11：00之後去登記，恐怕那天晚上也就我一個人了吧。當然，櫃臺說了「您是某先生，我們一直在等候您」這句話，應該不錯，體現了待客的熱心。不過，如果知道我應該享受VIP待遇，難道不知道作為特權，我是不用在櫃臺登記的嗎？

　　順便說一下，這個特權還應包括預結帳。

　　員工服務也存在問題。從櫃臺向房間走的時候，和客人並排，不對。他應該走在客人前面一步，因為不是回頭客，我不知道電梯在哪裡的。實際上，我當時很困惑我應該往哪個方向邁步。

　　再有，你們忽視了我在洗澡的時候把房間門打開，讓他們把水直接送到我房間的要求。這也是問題。不過，沒有進房，或可能是值班經理的指示吧。

　　因此，我覺得在接待客人方面最有問題的，就是值班經理。

　　在客房迎接我，可以嗎？對VIP客人應到櫃臺迎接。如果因故不能下來迎接，應交代櫃臺提前給我講明，說：「今天值班經理正在房間門口等候你。」不然誰知道什麼原因啊！

　　我進到房間的時候，床還沒有鋪好，可以說根本沒有待客的誠意。我雖是同行，但還是要付住宿費的，所以，我是徹頭徹尾的客人！而且是VIP，實在不該。

　　第二天早上，我辦完退房手續離開飯店的時候，值班經理沒有出現。作為VIP服務，這的確很成問題。

　　咖啡廳員工在接到值班經理通知後，能以熱情的態度迎接早5分鐘到達的客人，這一點很周到，我很感動。但是，既然我已經坐到位置上，為什麼咖啡在5分鐘後才送上？6：25我到達咖啡廳的時候，煮好的咖啡香味已經飄了過來，說明已經準備好。當然，我不能抱怨，因為他們確實嚴格遵守了約好的時間。但是，我已經說過，我要早點出發，所以，還是覺得咖啡越是早上，我就越是高興。

結論

滿分100分，最多，我給60分。

感動？沒有。這裡所提供的服務，只不過滿足了對服務很挑剔的客人的最低要求。他們沒有實現「給人方便，給人自信，給人歡喜」的服務承諾（理念）。

所以，很遺憾！

《飯店服務暗訪報告》之二

摘要

由於有熱情積極的員工，他們盡了全力來彌補在食物品質及語言障礙方面的不足，因此總的來說，這是一次比較全面的、積極的經歷。但該飯店被定位為豪華飯店應受到質疑。

前廳

在到達之前我打電話為我自己留言。第一個電話沒人接（我打登記在WORLDHOTELSHR上的電話），第二個電話立即有人接聽，總機不太明白我的問題，並詢問是否能叫服務員到我的房間。我說我還沒入住飯店，但我想給客人留言，接著電話就被轉到櫃臺，櫃臺員工說以前沒有為還沒入住的客人提供接收留言服務的經歷。總機和接待員工問候語大部分是中文。

在一個下雨天的早上9：30我到達飯店。飯店位於一個大型展覽中心建築的後面。直到計程車繞過展覽中心才看到飯店，在展覽中心之前的道路上我沒看到有任何通往飯店的指示。一位叫Kelly的員工很友好但有點緊張，對其他客人也是如此。她沒注意我的旅程積分並要了我的THAI航空公司卡的影本。櫃臺沒有擺放定期航線提示卡。

一個在大廳服務叫Ivy的賓客關係主任為我重新辦理了入住。她很熱情、友好並祝我入住愉快！她向我說明了旅費事宜，也解釋了她沒有接收到WORLDHOTELS關於我的入住費用是否符合旅程積分的資訊。她承諾要幫我查詢，一個小時後她回覆我不符合條件。我有點驚訝，我的房費是在WORLDHOTELS網站上登記的最便宜的價格的兩倍。

行李員Heshan陪跟我到房間，他放好行李但沒有向我介紹房間設施。後來在禮賓處他非常熱情地向我介紹廈門旅遊景點。我有點受寵若驚，他問我的姓要如何發音。我很驚訝他也知道我的國籍。他稱是從電腦資料上查到的。雖然沒有完全聽懂他的介紹，但他卻有非常熱情和積極的態度。

　　由於我入住和第二天離店時間都比較早，自助餐廳還提供早餐。我留意了早餐結束的時間。Heshan告訴我早餐服務到11：00，10：50分我到了自助餐廳，但那裡已不提供早餐了。服務員稱早餐到10：30結束，只有週末才到11：00。

　　與我交談的幾個員工沒有向我推薦餐廳服務專案。當我要求她們推薦晚餐時，Fanny問我是否要到店外用餐。她非常熱心地向我介紹一些市區中心並在本市地圖上作了標明。那個時候，Wendy正用一塊已經髒的白色毛巾擦拭大廳牆壁簷口上的碎片，碎片掉在地毯上需要吸塵。

　　住宿期間與總機通話不是很愉快。通話過程如下：我致電總機，總機員工的問候語是兩種語言。我說，請接櫃臺。總機說：請您稍等。接著有人接聽電話說，對不起讓您久等了，您需要什麼說明？我以為電話已經轉到櫃臺了就開始說了我的需求，但我發現這是總機的另外一個員工，當我重複了我要接櫃臺時，對方說請您稍等，電話被轉到櫃臺。我不得不再次重複了我的問題。我總結出了可能部分總機員工英語較好，部分員工只掌握了一些常用短語，所以電話剛開始先在總機內部轉接。

　　關於上網連接處理也有問題。入住後向總機要的密碼一段時間是有效的，但當我一個小時後回房卻發現不能用了。我不得不再打電話，總機將電話轉到櫃臺，櫃臺又要把電話轉回總機，但我堅持要櫃臺員工幫我解決問題，不要再轉電話了，櫃臺員工（男性）稱可以並叫我稍等。幾秒鐘後我發現自己處在三向的電話對話中，即我、櫃臺和總機。櫃臺和總機員工在討論我的上網密碼。總機掛線後，櫃臺員工（男性）向我解釋由於某些原因密碼被取消了，但現在已經恢復正常了，他稱是總機弄錯了。過後，有一個櫃臺接待員（女性）打電話到我房間，與我確認了我的中間名而不是姓或名，並詢問現在是否可以上網。

　　有個女服務員沒有確認我的身分就為我開門。她看了我手上的鑰匙卡但不敢問我。她的外語表達有待提高。另外一次是我有鑰匙但我忘記了房號。我叫了一個樓層的員工幫我，他打電話到總機並拼出了我姓氏，但他們找不

到，後來我又給了名字和中間名，最後他們找到了。顯然飯店員工對稱呼國外客人姓名有障礙。

我的退房手續由Spencer和Susanna辦理。Spencer檢查了我的帳單並向我說明晚餐消費是在中餐廳。我糾正了她是在西餐廳。

最後總結：第一，部分員工外語表達有待提高。第二，當日值班的賓客關係主任的工作表現很好；她們的英語表達能力強並時刻在關注我，由於她們的努力讓我感覺在飯店的居住是較愉快的。

房間

對房間的第一印象不是很好，原因是地毯捲起，帽子形花紋看起來很不規則。通向陽臺的窗戶上都是霧水。空調設置太冷（可能是那天突然下雨）。從海邊吹來的風颯颯作響，陽臺門輕微地振動。

窗戶的鋁合金框不是很乾淨。陽臺牆面有汙跡。傢俱看起來挺現代的，但是有些有磨損。沙發旁邊的桌子不夠乾淨，有細小的茶葉在上面。桌子下面的地毯上有果皮。

便簽夾上的鉛筆是中華牌，而不是印有飯店標誌的。其中有一支是不能用的。

36（HBO）和 37（CNBC）頻道收視效果很差。除了英語和中文外，我沒發現有其他語言的頻道。收音機也是如此。

房間服務指南和WORLDHOTELS指南放在書桌的抽屜內。叫餐服務專案是房間服務指南的一部分。上面沒有飲料消費項目。

小冰箱很乾淨，飲料消費單上有本地啤酒和雪碧，但冰箱內沒有。我比較喜歡看到有可樂。

浴室燈是由塑膠做的，看起來等級很低。

電話在通話中有劈啪聲。電話上沒有顯示緊急呼叫號碼。速撥鍵看起來沒什麼問題。沒有櫃臺接待速撥鍵。其他鍵如「退房」是接到櫃臺。當我撥票務速撥鍵時電話沒人接。

我想撥打市區電話，按上面提示先撥「9」後卻斷線了。我打電話到總機詢問為什麼會這樣，總機轉了電話後，另外一個人接聽但還是不明白我的意思。後來我自己發現原來撥完9後要立即撥電話號碼就可以了。如果撥「9」後能聽到提示會比較好。

浴缸排水蓋是關著的，如果開著比較方便客人使用。

晚上開了夜床並換了新的毛巾。床上放了一張天氣預報卡，有些英文不是很準確。上面的名字是：Mr.Frank(又使用了我的中間名稱呼我)。

晚上還是感覺很冷，儘管排風設備調到最弱，溫度調到30℃。

公共區域

大廳的櫥窗洗得很乾淨，但是很多鋁合金框架有汙跡。

整個飯店的地毯都很糟糕，特別是樓層走廊的。地毯捲起，有裂縫，邊角處鼓了起來。地毯的連接處有明顯的斷痕。

公共衛生間硬體設備較差但還可以接受。洗手臺上沒有花但有一盆綠色植物。有個衛生間的掛鉤已經丟失了，但牆上的洞口卻還很明顯。地板上有小便汙跡。

有一些電梯沒有緊急警告提示（Don't use the lift in case of fire）。沒有到達樓層的提示音設備。

地下停車場看起來很普通。地板和牆壁水跡很多，可能是由於下雨的緣故。所有物品擺放一團糟，停車場被用作儲藏室。切割泡沫塑料的區域靠近人行道。另外一個有停車標誌的區域被當作員工活動區，配有一些運動設備和簡陋的檯球桌。

飯店建築長度可能有600米。有很多電梯沒有標示是通往哪裡。我搭了離我房間較近的電梯，到了盡頭卻是走廊，但出口被鎖住了，經過走廊可通往會議室。如果給電梯編號，就比較方便客人記自己要搭乘哪部電梯。

通往市區和機場的飯店巴士只有客人有預訂的時候才開，因此我沒有機會體驗這個服務專案。

大部分的緊急出口被鎖住（地下室、會議中心），我沒看到配備滅火器。店外通往大廳的門旁和停放自行車的地方堆放著沙包！

預訂

預訂電話是Hy Nim Po接聽的。在確認是否有房間之前，她先清楚地與我確認我的姓名、抵達飯店日期、聯繫電話。經過查詢後，她簡單迅速地向我介紹了三種房型，她特別向我推薦了豪華海景房並說明了房價，這是很好的銷售技巧。但如果她能介紹三種房型的區別和房價，讓客人更能感覺到住在豪華海景房的價值，這樣會更好。當客人想要入住比較豪華的房間時，她也應該說明入住這種房型的益處。當她詢問客人要吸煙房或非吸煙房時，她也沒有做更詳細的介紹。非常遺憾，她沒有扼要重複預訂細節。

餐廳（午餐、晚餐）

我與一位當地的朋友在半島西外廳用晚餐。其特色菜是美國牛排和生蠔。我們7：00到達那裡，招呼我們的是Marcia和Lukas，Lukas引領，Marcia大部分時間都站在門口，只有當Lukas忙的時候才進來。

用餐時間大約持續了3個小時，沒有其他客人來用餐。Lukas向我解釋這是很正常的現象，因為中國人不喜歡這類食物，這段時間飯店外國客人較少。

這個西餐廳沒有窗戶，顯得有點暗淡，氣氛不夠吸引人。

由於酒的容量有問題顯得酒單有點亂。有一部分是375毫升，有一些是750毫升，還有的兩種都有，有一些沒有標明容量。酒瓶上的說明很詳細。我們點了海鮮，Lukas向我們推薦了白葡萄酒。當我告訴他我喜歡紅酒時，他向我推薦了一種可配海鮮的紅酒。

Lukas不是很擅長開酒瓶，試了三次，都沒有將開瓶器插入軟木塞的正中間反而把軟木塞插碎了。他向我道歉。前面三杯酒倒得很好沒有灑在桌上，第四杯酒內有木屑，剛開始我沒有注意到。Lukas察覺到了，馬上為我更換了一個新的杯子。

第一道菜我點了凱撒沙拉，調味汁太多了，我要求少一些，Lukas不明白我的意思，反而多拿了一些給我，我再次向他說明，他就把碟子收走了。他向我推薦另外一種凱撒沙拉，沙拉和調味汁分別裝在不同的碟內。我覺得這個主意不錯並叫他和主菜一起上。我的同伴不喜歡蘑菇湯的味道。主菜（魚）還不錯。後來的甜點，我點了布朗司，英文應該是Brownce。甜點雖然有點乾，但在調查卷上我寫了還可以接受。

通往餐廳休息室的門兩邊都沒有標誌。其中一張桌子下面有白色電線和插頭，看不出有什麼原因需要用這些物品。

員工工作臺上的電話響了兩次，聲音比較大。更多的打擾聲音是從走廊路過客人的談話聲。廚房開門後，裡面的雜訊讓人聽了很不愉快。

Lukas有時會播放背景音樂，可能知道外面的雜訊已經影響了我們的用餐。用餐期間他詢問了我兩件事情，這些事情應該是在餐前或餐後才問的：他說他希望再次見到我們，並問要如何稱呼我（後來也沒聽到他叫我的名字）。可能由於之前凱撒沙拉服務失誤讓他失去了與我交流的信心。Lukas的服務意識和觀察力很強，有發展潛力。他盡力服務讓我們用餐愉快。這兩位員工的英語水準有待提高。帳單上大部分是中文。Lukas注意到我看不懂就很熱情地向我解釋上面的項目。

餐廳（早餐）

早上7：40我到了餐廳用餐，迎接我的服務員很友好、熱情。餐廳員工工作井井有條，安排了許多員工隨時為客人服務。實習生Lancy為我鋪好餐巾並祝我用餐愉快。

我想食用芥末。有一個穿黑色制服的領班拿了一個小塑膠瓶子給我，芥末已被其他人用掉一半。我更樂意看到它是用碟子提供的。芥末的味道聞起來好像醋。餐廳沒有提供黃油、冷盤、魚類。有三種果汁但都不是鮮榨的。鮮榨的果汁是要另外點的。麵包看起來不新鮮也不夠脆。

我用餐的桌子下面有汙跡。木地板不是很乾淨。早餐食物要精心安排並及時得到再補充。

第七章 飯店危機處理：由知識到智慧

一、網際網路時代：由知識到智慧

客人發生了什麼變化

在網際網路蓬勃發展的今天，對資訊的探求與好奇，就幾乎成了所有人的「心動力」。

資訊時代，人們似乎無所不知，並因此而盲動浮躁。

因此，我們的危機服務，必須是應這樣的需要而登臺亮相。

資訊與智慧

何以評之為浮躁？

因為僅憑資訊，無法創造智慧，而人們誤以為有了資訊，就能滋生智慧，全然不覺這是兩碼事。尚未生成的智慧或者些微的智慧，難以駕馭紛至遝來的資訊，於是衍生出浮躁。

危機服務，因此就是說明人們從不實資訊引發的浮躁中解脫出來，哪怕客人只在接受我們服務，或只在回味服務那一時刻得到這般享受也好。

顯然，這樣的服務，不僅要靠知識、技能，更要有智慧。知識，是以我為中心去把握身外的客觀存在的種種規律、道理、常識；而透過向內心——主觀事實學習而獲得的自證，才叫智慧。它的表現狀態就是自覺。換言之，真正的優質服務，一定來源於自覺、主動、積極的「心動力」。

隨著年齡增長，我們會累積各種經驗，經驗成為智慧的重要源泉，自覺、主動、積極的「心動力」都將由此生髮。我們從實踐中感受到、學到的東西是為我們所擁有的資訊。如何將資訊、經驗昇華為理念，內化於心，也就成為管理藝術必須研究的問題。

總之，應對客人的抱怨、投訴，智慧將是根本，而與此相應的服務或管

理理念，則將是最大利器。

由「知識型」到「智慧型」

最近，「知識型員工」（Knowledge worker）一詞被廣泛使用，直譯為「有知識的員工」，並被飯店界認為他們將是振興飯店的關鍵所在。但在我看來，「知識型員工」不能單純地被理解成「知識型」，而應是「智慧型」，因為時代已經進入了「智業」領航的新階段。

尤其在處理客人抱怨、投訴方面，非常需要智慧。前邊說過，每家飯店幾乎都有客人抱怨、投訴處理規範，但現在看來，規範尚屬「知識型」的範疇，如果拘泥於手冊，將不能解決更多更新的問題，因為市場（客人）已經進入「智慧型」階段，他們將「百人百樣」、「千人千面」，抱怨和投訴同樣是「百人百種」，故此，一切再也不可能「一言以蔽之」，或「以不變應萬變了」。

過去行得通的方法，現在可能不行了；對某人可行的辦法，換了別的客人就不一定有效了；某一個職位行之有效的做法，換了一個場所，結果甚至相反；或即使客人抱怨的內容一樣，其中隱含的實際想法也可能有本質的不同。

這時候的服務，即為讀懂客人微妙的想法而進行的身心投入，我們稱為「智慧型服務」。就是真正弄清客人需要的是什麼，對什麼有期待，對什麼感到心情愉快......也只有讀懂這些，智慧才能在資訊和實踐中得以印證。

當然，面對客人的抱怨、投訴，我們的態度很關鍵，前面已經用大量篇幅講過了，但光有態度還不夠，還要領悟到客人發出「為什麼」、「怎麼會這樣」等抱怨聲音的真正原因，然後，立刻整改（不是簡單的改正），而後才能期望得到客人的理解。

二、「風水」

「風水」：愉快與樂趣的氛圍

顯然，人們追求便利的特性，正反映了一種時代特徵，它甚至使速食成為深受歡迎的「產品」。但我們還能發現，即使是速食店，差別也很令人矚

目。比如相同招牌的漢堡店，有的門庭若市，有的門可羅雀。

當然，連鎖店產生本身，也是人們追求便利的一個表現。一方面是經營者，因為總部已經制訂了產品詳規，包括用材、製作方法以及待客方法等等，做起來便利；一方面在客人，各分店味道、份量、價格一致，減少了選擇的麻煩，吃起來便利。

既然如此，「門庭若市」和「門可羅雀」的差別由何而來呢？甚至有客人會跳過身邊店，而到一站地外的店去吃漢堡。是一時興起？還是另有隱情？

其實非常簡單，在心情。是一種由衷的樂趣、驚喜等感性因素，起了關鍵作用。

「不知為什麼，總之，那家店的感覺很好……」

「氛圍不錯，雖然有點遠，還是去了……」

氛圍由何而來

「門庭若市」與「門可羅雀」之間有奧祕，若不能理解奧義，我們將無法擺脫「門可羅雀」的晦氣。

這也是「風水」問題。而「風水」的實質，是氛圍。

「風水」，不是風和水的僵硬概念，就如住宅，單純將它看做一個木、磚、石、水泥的結構，是僵硬而沒有生機的，而必須加進人的要素，而成為如風一樣飄動的水，或如水一樣流轉的風。換言之，它們不是一個死相，而是一種動態。動起來，才叫風水，才叫氛圍。不明就裡的人會問：明明一樣價格，一樣味道，待客方法也都遵循了接待手冊的要求，為什麼他行，我不行？

其實，問題就在這裡。因為你考慮的只是僵硬的分店味道、份量、價格與接待手冊，而沒有認真考慮如何才能為客人提供樂趣，讓他們心情愉快。

拘泥於手冊的出發點本身就有問題，就如只就木、磚、石、水泥的結構來看「風水」一樣。那不是「風水」。的確，按手冊應對，客人大都不會有怨言，而沒怨言不等於你滿足了客人的期待。前者是後者的基礎，即客人不抱怨只是服務的一個底線，而不是客人需要的服務境界。

不講求氛圍的店，大都將兩者混淆了。

當然，客人可能說不清為什麼，問起來，無非三個答案：「沒什麼特別的不滿......」或「挺規範的，設備也周全......」或「員工也沒有什麼問題......」好像水在燒，將到了90℃，卻沒法再提升，於是成了一鍋熱水，卻怎麼也成不了開水。

但我們自己卻不可不知道那最後一把火在哪裡。

在哪裡？

在於我們服務員有沒有主動去創造愉快與樂趣的氛圍，在於這個輪流轉的「風水」。

客人眼中的「風水」好店

客人認為「一定要去」的店，大都因為它有其他地方缺失的智慧閃光，有富於人性對話的創意商品。具體有以下十二點：

1．心情愉快。

2．有樂趣。

3．看了就心生喜悅。

4．店內整潔。

5．店員有禮貌。

6．服務員的舉止言談對自己的脾氣（喜好）。

7．店堂明亮。

8．總有新發現。

9．服務的附加價值高。

10．便利。

11．店內和週邊氛圍好。

12．物有所值。

三、微笑：出售與準備

出售「微笑」

服務業出售的是「微笑」。

在所有領域，商業競爭都異常激烈。這是當今社會的主要特徵。所以，如果我們只停留在賣東西這個「商業」概念上，將無法生存。

換言之，要銷售「服務」。

如何表現這個「服務」？

「微笑」。多麼簡單！就是應以親切的微笑，來接待每一位客人。

明朗的笑臉可以帶來最直接、最溫馨的氛圍。出售「微笑」就是出售服務附加價值。其實，也正是這個附加價值，決定了服務的品質。

試想一想，一個人按接待手冊規定機械地對客人道：「歡迎光臨」。另一個人則帶著陽光的笑臉和客人交談：「您好！今天好像晚了點，工作忙吧？」

「冷漠反應」的根本因素

在上例的兩類對話比較中，前者的問候是機械的、照本宣科的，員工的心裡並沒有「客人」的感受，而只有「消費者」這個概念。後者則滿懷對活生生的「客人」「照顧」自己生意的感謝。或許，客人不會非難前者，但心中難免產生「不舒服感」，或至少沒有「愉快感」。

然而，我們常常對此忽略不計，殊不知，這比客人的直接抱怨、投訴影響更大，是造成客人對服務「冷漠反應」的根本因素。

換言之，客人說出不滿，等於為我們指出一條明路，給我們以補救的機會，還為我們留有餘地；而「冷漠反應」將意味著我們永遠地失去了這位客人。

面臨抱怨，只要心中有客人，我們就能把握關鍵，就能與客人交流：不是機械地照本（接待手冊）宣科，照本宣科是ATM、公車的留聲機、商場自動門的功用，而是融通相互的想法，從而預防客人抱怨，進而創造回頭客。

「退步原來是向前」

「微笑」在商業服務中的深層價值，不單單在一個笑臉，或一個傳遞想

法的工具，更重要的，還在於它揭示了商業服務的真諦：妥協與談判。

一首詩說：

手把青秧插滿田，低頭便見水中天。

身心清淨方為道，退步原來是向前。

正道出了這個根本。

因此說，帶著笑臉與客人談話，將是真正的交流得以產生的最重要的土壤。

培育交流的土壤，不需要任何經費。但少有人會把「微笑」當作自己與客人交往的第一步來實踐，他們只會覺得「微笑」的魔力令他難以置信而已。

「微笑」只在心裡

一天，大文豪蘇東坡跟老朋友佛印禪師鬥嘴。他忽然問：禪師，您看我像什麼？

禪師不假思索地道：我看你像尊佛！

蘇東坡呵呵一笑，說：我看你像狗屎。

禪師笑而不語。

蘇東坡高高興興地回家，對妹妹說：我今天贏了。

妹妹問：贏在哪裡？

蘇東坡講了之後，妹妹大笑說：哥哥，你又輸了。

蘇東坡大驚。

妹妹說：禪師心裡有佛，所以，他看到一切人都是佛。你心裡有屎，所以，你看到的東西都是屎。

你的心裡有什麼，你的世界就是什麼。

準備「微笑」

為了「微笑」，不妨每天對著鏡子，做一些簡單的準備：

1．衣冠。對鏡子查找不當之處。

2.態度。對鏡子練習親切儀態。

3.表情和動作。對鏡子檢查是否自然流暢。

4.言語表達。對鏡子與自己說話。

當然，此間最重要的，是心裡有「客人」，否則，可能只是一個表像，勉強為之，一定堅持不久，或即使堅持了下來也沒有意義，因為缺少靈魂。那不是真正的「微笑」。

四、瞭解客人的真實想法

服務有起點，滿意無止境

客人：飯店餐廳的東西很貴，但不如想像中的好吃，讓我失望。

誠然，飯店大都裝修得豪華絢爛，披金掛銀，自然會挑起人們的更高期望，如果因此就認為飯店餐廳提供的都是世間罕有的珍饈美味，就不現實了。但人們不這樣想，而是表示「不過如此」。

為此，我們只能這樣定義飯店業務：服務有起點，滿意無止境。就是說，我們只能以不斷進取之心盡力去爭取實現最好的目標。因為，千人千面，沒有任何一種服務能做到以一當百。那個目標將永遠在前邊。

出發點：替客人著想

服務的出發點都是共通的，那就是「客人至上」這一基本理念。

沒什麼道理，遵守就是了。

但現實中，如何才是把客人放在第一位？

要做什麼？怎麼做呢？

這就難了。

對客人吩咐言聽計從算「客人至上」嗎？

有時不行，因為還要照顧到我們自己的感受，對一味咄咄逼人的客人該言聽計從嗎？

最後結果，所謂「客人至上」，即「經常站在每位客人的立場上，設身

處地地為他們著想」。

這才是我們應有的出發點。

換言之，一個能主動感知客人想法的員工，無論何時都能在服務天地間應付自如。

抓住關鍵點

實踐目標的關鍵，在於瞭解每位客人的想法。

瞭解的管道，是客人的表情、動作、裝束。

其實，這也跟我們每個人的日常生活觀念相關，只要不浮躁，安於當下，就能從整體氛圍中感受到「生活的哲學」，就能有「設身處地」的基礎，也自然會獲得更多的線索。

當然，語言更加重要。比如，我們從站在櫃臺外邊的客人說話口音中判斷出他來自哪裡，就能找到切入對話的話題，進而靈活應對。「您是上海來的吧？現在上海的城市規模真是不得了！」只此一言，客人會備感親切。這種親切感、放鬆感，其實，正對應了客人當下的重要想法。如果客人同時感覺「飯店果然不錯，有一種親切而放鬆的氛圍」，則雙方的互動就有了基礎，便可以說，我們正在盡一個飯店人的義務。

誠然，這不是應付，不是一次應對就夠了的，而要長期堅持，要一分一分地增加客人對我們的心理「儲蓄」。

唯有如此，飯店的服務水準才會蒸蒸日上。

瞭解客人想法的「五蘊法」

瞭解客人的想法，就是以己之心去推量他人之心，以心換心，並透過「五蘊」去實踐之。「五蘊」是佛家用語，包括色、受、想、行、識五方面。

1．色：週邊狀況、客人狀態等可以看得出來的「有形氛圍」。

比如，看到對方是一男一女，判斷可能是一對情侶或新婚夫婦，然後決定「說話謹慎，不要讓客人感覺不自在」。

2．受：接收由「色」而來的感受，決定應對的態度與行為。

比如，看到對方不大瞭解飯店，可能不常住飯店，便要給予親切而得體、自然的提示，讓客人不感拘束。

3‧想：由眼前狀態延伸出去，在關聯領域找到應對的話題。

比如，認為客人是上海人，就可以由此聯想，去聊有關上海產業發展的一些事。

4‧行：意志、願望、期待而可能引發的下一步行動。

比如，客人說經常旅行，就可以向客人介紹本地的景點或文化，引導客人進一步消費，「我可以介紹旅行社協助您……」。

5‧識：將以上諸種判斷與觀察予以綜合，幫助客人決策或表明自己的態度。

比如，客人來參加婚禮，便可以表示恭喜，並祝願客人愉快，再問一問是否需要紅包，或有無需要幫助等等。

常客與非常客，要求大不同

飯店櫃臺員工通常會對來到櫃檯前的客人說：「歡迎光臨。請問您有預訂嗎？」

這是放之四海而皆準的行話。如果客人已住了上百次，員工還不記得這位客人的相貌，仍然使用行話來問，那麼，常客即使不跑掉，也一定會生氣。

飯店對大多數客人來說，都是非日常性場所，即「偶爾才用用」。我們稱這類客人為「非常客」，應對方法要關注規範，形成一種與居家不同的接待特色，如以規範語音問候。反過來，如果客人頻繁使用飯店，已是這裡的老主顧，那麼，我們就應稱他們為「常客」。常客會追求飯店的日常性，即如在家裡一樣。賓至如歸，指的就是這類客人。比如，客人外出回來，我們就不應該說「歡迎光臨」之類的行話、套話，而應說：「您回來了，還順利嗎？」這會使客人心情愉快。

寒暄問候語，非常重要

剛才說到的對行話、套話可能產生的不滿，在常客方面，是可以理解的。同時，也說明了寒暄問候本身的重要性，要求員工用心把握常客的資

料，並用心應對。

或許，這些要求做起來並不容易，因為飯店是「鐵打的營盤流水的兵」，因新員工無法確認常客而引起誤解也在所難免，這就需要我們進一步提高服務技巧，以避免不愉快的發生。

技巧在哪裡？就在寒暄問候的話裡。例如，對客人說：「歡迎您。」然後再補充一句：「感謝您長期關照我們！」客人會抱怨嗎？不會。大部分客人不至於說「我第一次來，哪有長期關照」，但心裡會想：「看來，這家飯店很關注常客。」

一句話，可以使初來者感到親切，又不會令常客感到冷落。

然而，如果問候寒暄語變成了不用心的行話，客人仍可能不高興。比如，對方表情嚴肅、動作緊張，這時你仍然說「長期關照......」，就會引起反效果。客人會覺得我才第一次來，這不是把我當傻瓜嗎？因此，任何問候都不能機械，而須仔細確認，隨機應變。

當然，最後的關鍵，還要回歸能否透過「五蘊」法，迅速判斷出客人是常客還是非常客。這對每一個飯店人來說，都是非常重要的服務天分。

五、適當迎合客人趣味嗜好

創造氛圍，讓客人充分表達願望

飯店的一切都應具備與客人「對話」的功能，而不僅僅是服務人員與客人的溝通。

比如在客房的浴室，我們會為客人準備必要的洗浴用品。香皂、洗髮精、護髮乳、牙刷、牙膏、乳液、髮膠等。它們都在透過外包裝、說明文字、擺放位置、色彩、味道、品牌等「訴說著自己」，並期待著客人的「回應」（愉快地使用）。但無疑，這些都是按飯店標準製成的，即是「普遍的對話」，而不能對應於「個性的表達」。於是，我們首先必須保障這個「普遍的對話」不至於出現「便宜貨」、「怪異」之類的表達，以力求在這個階段至少不讓客人反感，並由此奠定更進一步對話的基礎。

電腦各類功能介面對話方塊的設計，非常關注「人性化」這一點，值得

借鑑。

那麼，進一步對話又該是怎樣的呢？大概如此：

「我不喜歡這種香的肥皂......」

「牙刷毛太硬......」

「不如想像中的那麼高級......」

這類對話必然發生，因為飯店不可能把一切用品都統一成名牌，首先是負擔不起。其次，即使全擺上名牌，客人也會挑剔，還想要另外的名牌。每一位客人都希望在飯店裡用上自己用慣了的東西。自帶化妝品的客人多起來，正反映了這個對話的實際。歐美飯店從環保考慮，也為眾口難調的原因，把各種各樣的品牌用品擺成一排，「敬請選購」。他們一般不準備牙刷，客人也很少對此有抱怨。但在我國，短期內還辦不到，因為習慣問題。

況且，我們不可能，也沒有必要走歐美飯店的路線。

怎麼「對話」？在高檔飯店，不妨在浴室裡準備幾種不同牌子的用具，供客人選擇。或設立一個用品介紹牌，說明客人若需要其他品牌，我們可以在一定範圍內予以滿足。這樣就可以減少更多的麻煩。當然，適當收費也是可以的。

哪些用品最宜「對話」

1 · 備用品類

煙灰缸、香皂盒、置物簍、吹風機、大玻璃杯（8盎司）、鞋拔、塑膠或毛巾質地拖鞋、西裝刷、男士用衣掛、女士用衣掛、便箋簿、應急燈、面紙盒、茶杯、茶匙、小茶盤、茶杯蓋、茶包等等。

2 · 消耗品類

玻璃杯蓋、火柴、意見簿、文具套、個人信封、航空郵件信封、海運郵件信封、國際信封、明信片、個人便箋、海運郵件便箋、傳真條、筆記用紙、洗衣單、洗衣袋、晾衣繩、電視使用介紹、飯店介紹、圓珠筆、垃圾袋、保險箱使用說明、浴缸墊、煎茶茶包、咖啡包等等。

3 · 貼身用品類

牙刷（白、藍）、刮鬍刀、洗髮精、護髮乳、剃鬍膏、浴帽、洗臉肥

皂、一般肥皂、梳子、男性化妝品套裝、女性化妝品套裝、棉花棒、鞋套、餐巾、抽取式紙巾、沐浴露、針線包等等。

別拿「慣例」當理由

每個人都有不同的喜好，這使服務面臨兩難境地。比如，客人說想喝果汁，我們端來鮮榨橙汁，客人會滿意嗎？過去或許可以，因為那時一說果汁，大都指橙汁，現在不一樣了，果汁的種類豐富多彩，客人可能要柚子汁或是石榴汁。

假如飯店免費提供的只有橙汁，不能任點，「對話」出現「岔題」，客人滿臉不滿。怎麼辦？

不是「怎麼辦」，而是必須辦的問題。必須改變我們自己。

現代服務業的特點是「體驗消費」，因此，如果不能按客人嗜好提供服務，就會導致客人抱怨。抱怨就意味著消費終結。

所以改變的，只能是我們自己。

以創意實現改變

服務「對話」的改變，不一定是資金投入，更需要創意。

一位客人早上出門，跟飯店預訂了6：00的晚餐，結果花了9個小時才回到飯店，洗過澡後去吃飯，已經是晚上8：00了。到了餐廳，那裡人很滿。說了預訂時間，本以為餐廳方面會拒絕安排，不想他們沒說二話，就給客人安排了。客人放下心來。

但試想一下相反的情況：

餐廳員工說：「對不起，因為您訂的是6：00，所以，我們無法留位，請按秩序排隊......」客人不高興了：「那是你們的規矩，我們只是要吃飯！」

前者後者的投入相當，但結果卻完全不同。

或許，大家覺得這很簡單，但簡單的事能長久「簡單」下去，卻是需要創意的。

客人到外地住飯店，大都希望吃到特色菜。但飯店的推薦（對話）能做到這一點嗎？或即使推薦了當地菜，能保證味道合味口嗎？拘泥於「本地

菜」概念的推薦很多，而真正的創意卻不在此，而在於瞭解客人的需求：鮮、鹹、淡、辣、冷、熱、魚、肉......喜歡哪一類？絕不是說：我們這裡有多羅波蟹、海膽蓋澆飯、魚卵蓋澆飯......瞭解了之後，要說：我覺得我們的南海魚這道菜適合您的需要，我再為您配上一碟辣椒......

這就有一些創意了。

創意自查目錄

1．有沒有其他辦法？不妨試試！

2．可以借用其他的方法？不妨試試！

3．能否稍微改變一下？不妨試試！

4．嘗試把原來小的東西變成大的，擴大一些？不妨試試！

5．嘗試把原來大的東西變成小的，縮小一些？不妨試試！

6．試著用別的東西代替如何？不妨試試！

7．試著換掉本該如此的東西怎樣？不妨試試！

8．把相反的立場或角色、意見對調過來看一看如何？不妨試試！

9．把兩個東西組合起來看看如何？不妨試試！

一個不愉快的例子

一位客人講了自己的經歷：

一般來說，高爾夫球場飯店的菜單都是不能變更的。那天，我在出發前吃了點稀飯和麵包，打算打完下午場再吃點什麼，但就這一點想法也被拒絕了。

我喜歡三明治和烤麵包。因此，我對服務生說，請給我烤一下三明治麵包。多簡單的事啊！服務生說：三明治用麵包做，不用吐司，所以，沒有烤的。我說：不管是吐司還是三明治麵包，給我烤出來就行。服務生說：沒辦法。

我真的生氣了。他們根本無視我的想法。如果這裡沒有高爾夫球場，飯店早該倒閉了！

接下來的問題一樣嚴重。

我說：那麼，加一個水煮蛋吧。服務生回答說：我們這只提供炒雞蛋。我非常生氣：水煮蛋不就是只要有鍋和水，連孩子都能煮的嘛！

是不為，而非不可為。

小小的改變，大大的效果

首先，飯店要宣導瞭解、揣摩客人想法的工作態度。服務態度可能決定服務的一切。

只要我們簡單，那麼，客人的願望、要求大都簡單，反之亦然。

雖然沒有菜單，但當客人說：「我想吃水煮蛋」或「我想吃烤三明治」時，就有兩條道路：一條是配合客人的想法，「儘量去做」；一條是阻礙重重，說沒有烤麵包！沒有水煮蛋！費用怎麼算才好？要求來得那麼突然……不可能照做，「辦不到」。

結果怎樣？

前一條道路會讓飯店生意變好，後一條道路則會導致飯店門可羅雀。

只需改變一點點就好：當客人需要烤三明治和水煮蛋時，就說：「好的，先生。」

一切將因此而改變。

六、飯店文化：親切與不親切之間

滿意服務：來自客人想法，而非飯店規定

又一位客人的講述：

因為次日離開飯店時間早，所以，前一天晚上，我就跟餐廳打了招呼，說想在早上6：00開餐時喝杯咖啡。早上，我提前10分鐘，也就是5：50就到了餐廳。

餐廳服務生沒對我說「對不起，因為6：00才開店，所以，請稍等」，而是讓我進去了。不過，咖啡卻沒有端上來。畢竟我訂的是早上6：00，所以，我也不好說什麼。我默默等到6：00。

店內飄著咖啡的香味，顯然，他們已經準備好了。既然已準備好了，就沒必要嚴守6：00的開店時間嘛！早點給我端來就好了！他們在遵守飯店規定，而非我的願望。

我覺得這家飯店（餐廳）不夠親切。

這樣的飯店服務，不能讓客人滿意。

滿意的服務

假如服務生這樣說：「先生您好，您訂6：00的咖啡，我們已經準備好了，看是不是先上？」

這就好了。

一個轉變，就由「飯店規則」走向了「客人想法」，也從「不親切」走向了「親切」。

而這一切，又都不是形式，而在於待客之心，心裡有什麼，行動才能表現出什麼。

「親切」的根本，首先在心。如果我們心中想著：「即使等一等，也不過10分鐘嘛！」結果將只能滑向「不親切」。要不要提前10分鐘服務，給客人的印象將截然不同。

這個印象的影響，將不只對服務員，而是對著整個飯店。

當然，也可以有更加完美的服務：

「先生，您好！現在，早餐正在準備中。您看是不是先上咖啡？早飯恐怕還要等上五六分鐘。」

如此，則客人一定能心情愉快地開始新一天的生活。

何樂而不為？

「親切」的模式

情景1：

雖在餐廳營業之前，服務生仍能為客人端來咖啡，並表示：飯菜正在準備，能否先上咖啡呢？

情景2：

客人先到，房間還沒準備好，但仍有空房間，服務生可以這樣表示：您預訂的房間還沒準備好，能否先去別的房間休息一下呢？

服務環境已經改變

過去，人們對北方服務語言的印像是生硬，而南方軟語則更動聽。但近期，由廈門去山東濟南出差，雖然是冰天雪地的時節，卻發現那裡的服務聲聲親切：稱呼女士為「姐」，男士為「哥」，而不是千篇一律的「小姐」、「先生」或「美女」、「帥哥」。

或許，那難以成為飯店行業的規範，但卻是實實在在的服務文化。

我認為，唯有良好的服務文化，才能提供真正親切的飯店服務。「親切」，是任何固守規範教條者所無法展現的。

當然，時代在變化。

以前客人對服務的印象，是中國飯店業在成長期形成的。

當時的一切都與現在不同，最好的服務員能主動思考如何更好地服務，並由此而創造出了飯店服務文化。

或可以這樣說，雖然當時的服務設施與技術不如現在先進、成熟，但也提供了更加密切地接觸客人的條件。那是一個有文化的服務時代。

老一輩飯店人上了年紀，陸續引退幕後，取而代之的，是70、80、90年代的新人。當然，他們也受過良好的飯店服務教育，勤奮工作，但對以前的老客人來說，感覺卻發生了實實在在的變化。

讓飯店文化說話

當然，我們不能因此就說現代飯店沒有文化。不，正相反，現代服務設施與技術比處於成長期時的飯店更加先進而成熟，更有利於客人感受到愉悅、舒暢，同時，也更有利於服務文化的傳承與創新。關鍵在於我們是否用心：

1 . 透過訓練、言傳身教，保持員工提供優秀飯店服務的使命感。

2 . 下大力氣創造現代員工的工作喜悅。

如此而來，我們將發現：飯店的服務文化核心，其實，從來都沒有變化過。

現在，我們要做的，是讓飯店文化說話！

飯店文化的兩個例子

一個是廈門國際會展飯店的服務文化：

給人方便

給人自信

給人歡喜

「給人方便」，講的是硬體、條件與規範等，應處處體現出「能用、好用、有用」的特徵。「給人自信」則指軟環節的優秀，核心是員工對「知識、技能、溝通對話能力」的把握。「給人歡喜」則在於如何取得三個方面的成功：「一禮二快三到位」（有禮貌；回饋快，行動快；準備到位，技術到位，服務到位）、「接一待二招呼三」（服務好眼前的客人或流程；接待好其後的客人或下一個流程；把握好更多的客人或遠期目標）、「一笑二輕三熱情」（微笑；話語輕，動作輕；迎接熱情，接待過程熱情，送行熱情）。

另一個，是日本大倉飯店的服務文化，是在開業那年的迎新會上，由已故野田名譽會長提出來的：

經常進步

世界第一的飯店

以和為貴

保持親切

愉快工作

他們進一步闡釋說，要實現這個目標，應有一個最基本的保障，即：

BEST A.C.S（最好的A.C.S）

A＝ACCOMMODATION（設備）

C＝CUISINE（用餐）

S＝SERVICE（服務）

自平素起，就必須以最好狀態，為客人提供設備、用餐和服務。因此，必須每天訓練技能和服務精神，為讓客人百分百滿意而不懈努力；不忘保持一顆澄淨優雅之心，並創造輕鬆的服務氛圍。

七、識得「千人千面」

抱怨起因一般都很簡單

面對抱怨，我們該如何應對？不能一概而論。要想找到對應的方法，首先，要弄清抱怨是在什麼情形下產生的，以及抱怨有什麼苗頭。

客人有各種各樣的需求或想法：「我想要這樣……」「我想要那樣……」但有一個根本的東西是不變的：任何飯店危機都是在需求無法滿足的情況下產生的。

如此看來，抱怨的構造是簡單的，難的是理解客人多種多樣的需求。

所謂「千人千面」，就指的這個，而識得「千人千面」，自然就成為我們的危機服務的核心工作了。

滿意與不滿可能是一回事

有時，完全滿足了某位客人需求本身，即可能已經埋下了令別的客人抱怨、投訴的隱患。

比如，一位會議客人提出喝茶水的要求，而會議協議要求只提供熱開水，服務員甲滿足了客人的需要，於是，另一位客人不滿，說他向服務員乙要茶水，乙不給。

再如，一位客人在大廳層迷路了，員工對客人說：「請問您要去哪？我來給您帶路……」員工做得很好。這位客人與別人約好在茶室見，但正找不到地點。而同時，他約的客人卻在著急，甚至開始懷疑是不是自己等錯了地點，樣子也像「迷路」。於是，也有員工上前詢問同樣的問題，他很心煩，根本不理睬服務員。同樣的服務，有時能讓客人滿意，有時卻招致了心裡抱怨。

合格的服務員，都要有這樣的立體思維能力。

飯店業：發現需求的「經驗產業」

那麼，從什麼地方可以看出客人的需求呢？

只有靠經驗和觀察力。因此說，飯店服務業是客人的「體驗產業」，也是服務者的「經驗產業」。老員工是飯店一寶。

有個竅門，就是仔細觀察客人的表情和動作，包括所有表情流露出的喜、怒、哀、樂。要是客人的表情隱約可見一絲「怒氣」或「冷漠」，那肯定是服務有問題，我們的服務不是客人需要的怎麼辦？及時對客人說：「我有沒有做得不對？請您指出來，我馬上調整！」是為「先下手為強，後下手遭殃」，即主動探究客人的需求。

當然，要想正確判斷100個客人的100種需求，是非常困難的事，更不是一朝一夕就能掌握的。但不妨透過一次又一次用心判斷客人的需求，不斷積累經驗來實現。

三類典型模式

1‧客人說，「我還要吃那種炒飯」。飯店服務生說，「我們馬上為您準備」，表明愉快接受的態度。然後，詢問客人具體要求，加料、口味、熱度、量要多少等等。

一般而言，客人會滿意，會說，你們這裡不錯，真高興，下次還要來！

2‧客人說，「我要桑拿」。飯店服務生說，「對不起，我們這裡是會員制，請問您是會員嗎」？

顯然，這個回答不能滿足客人的需求，因此，客人會抱怨說，不就是花點錢嗎？或即使不再言語，心裡也會對這個待遇差別有意見。當然，對這種情況，大多數客人會憋在心裡，不說出來。但之後，他們可能發洩在別處，或從此不再光顧。

3‧對服務態度不滿，感覺不夠「親切」。

飯店負責人表示，「對不起......」顯然，這樣的表示還不夠，即我們的服務離客人的需求還有距離。客人抱怨（需要）不是僅聽我們講「對不起」，而是接下來你打算怎麼辦，他要看到服務的誠意。

八、服務的結構：「點線面」

計程車服務案例

一位客人透過禮賓處叫了8：30的計程車，可車卻遲遲不來，客人非常焦急。

客人找到櫃檯理論，禮賓員說，已經叫好了，「車就停在地下停車場裡」。客人大為光火，「說好了，要停在大門前」。禮賓員趕緊打電話通知計程車公司，讓司機上來。但是等了20分鐘，車還是沒來。客人發火了：「怎麼搞的，還是沒來！」禮賓員再度聯繫，回答說：車已經停到門前了。但門前沒有車，司機的電話也打不通。禮賓員到處尋找，也找不到計程車。後來，客人自己去找，感覺一輛車有點「像」，走近一問，果然是，而司機還大模大樣地坐在車裡。客人氣得七竅生煙，另叫了車，對飯店的服務大為不滿。

之後，飯店也斷絕了同那家計程車的合作。

員工要知道自己在做什麼

顯然，計程車司機失去了生意。

那麼，這個案例給我們什麼啟示呢？

也許，是飯店禮賓員訂車說明的不妥，弄得不清不楚。但司機確實有問題。只要站在客人立場上稍微動動腦，就肯定會知道怎樣才能等到客人，而不是單純地「人家怎樣說咱就怎樣做」，那豈非白癡！

員工要知道自己在做什麼！

《把信送給加西亞》一書很好地回答了這個問題，大家可以參考。

司機要做的是「按時接到客人，安全、準確送到目的地」，而不是「按時等在那裡」。否則，當然會引起抱怨。

「點線面」：劃定「自己的工作」範圍

沒有一項服務是「點」的，而一定是一個多「點」串連起來的「線」，並形成一個給客人綜合印象之「面」。如此「點線面」的結合，將是我們確定自己工作範圍的基本原則。

當然，「點」是基礎與要點。

在上例中，計程車司機「自己的工作」範圍，首先要延伸到出發前那一「點」，即弄清工作通知：某先生要租車，到某飯店去接他，並把他送到某地。如果不清楚，一定要確認。

接下來，司機要按時到達接客地點，這是第二「點」。

如果時間到了，還是沒看到某先生，怎麼辦？等到見到為止？還是到其他地方找找看？當然，因為這個完美「點」，是見到客人。至於方法，可以自主。見不到客人，連「點」都沒有，還談什麼服務！

最後一「點」，是在約定時間前把某先生安全送到某地，而這之前的所有事，都是「自己的工作」。如果客人說，想順便去一下別的地方，怎麼辦呢？一是只按約定道路行走，回絕客人。二是順路搭客人去；如果繞路超過規定距離，則向公司彙報請示收費標準再定。

以上三個基本「點」圈出了計程車服務這個「自己的工作」範圍，缺一「點」都不行。但僅有三「點」還不夠，還必須保證每一「點」都能讓客人滿意，即致力於創造一條由客人滿意串成的「線」。換言之，沒有客人的滿意，就沒有這條「線」，當然，也就沒有給客人美好回味的那個印象之「面」了。

九、把握公平待客原則

「TPO」之意

T代表時間，即TIME；P代表地點，為PLACE；O代表場合，是OCCASION。

要將此三者調整好，才不至於惹出抱怨。

烤羊與烤牛

餐廳裡有位客人提出一個要求：

「能不能幫我把這個烤羊換成烤牛啊？因為我不吃羊肉。」

飯店廚房裡所有材料都很齊備，因此，滿足客人的要求很容易。大部分

飯店都會做到。但需要仔細考慮一下，這樣做究竟好不好呢？

如果我們毫不猶豫地說：「好的！」那麼，近桌的其他客人會怎樣想呢？一定有人會心中不滿，因為他們可能也想「要烤牛」，只因菜單上沒寫才點了羊。如此一來，就會出現「會叫的孩子有奶喝」的不公平局面。其實，這是很要命的！

不損服務而又公平待客

要公平接待所有的客人，我們就不能隨意更改既定菜單，否則，其他客人將不滿。但如果僵硬地說不行，那麼，這位客人就可能不滿，從而抱怨。

於是，從「TPO」中找竅門。

比如，客人點了菜單上沒有的東西，合適的服務就該調整為如下對話：

「請稍候，我馬上確認！」或可以馬上表示：「沒問題，可以換成烤牛，不過，價格會稍有變化。您看可以嗎？」

如此一來，就不會給別的客人以「走後門」的印象，當然，抱怨也就無從說起了。

公平辦事，不能簡單地理解為按飯店規定辦事

某團隊入住溫泉飯店，一人一個雙人間。飯店方面說：可以，但客人要付雙人間房價。因為雙人間本來就是為雙人準備的。

但客人還是不滿。一個人住，只用吃一人的飯，只蓋一條被子，只用一雙拖鞋……怎可以是雙倍的，太貴了！或者多交20%也還有理！……

規定或服務手冊之類，都是飯店自己的事，和客人沒有直接關係。

如果只知按部就班，而沒有通融，將表明該飯店還沒有理解服務的本質。

飯店常見的五類「不公平」

1．給一些（而不是所有）客人提供菜單外的額外服務，讓其他客人大呼「後悔」，或「原來還可以這樣」，或乾脆投訴說「不公平」。

2．付同樣的錢，卻讓安排了不同規格的房間，讓客人很不高興。尤其在團隊或會議排房時，更要注意這點。有時候，那可能是旅行社或會務組的

安排，但客人不知道。他們要討說法：「為什麼？」

　　3．員工一直在和某位客人聊天，其他客人認為飯店不重視自己，受了冷落：「難道我不是客人嗎？」

　　4．服務產品在大小、味道、色澤等細節上有差異，讓客人不滿，或產生誤解，認為那是特別優待某位客人：「他的那樣，我的為什麼不同？」

　　5．後來者居上。比如，我先點的菜，卻先給後面人上了。明目張膽地插隊，卻沒有人維持秩序，讓客人感到混亂。

十、「時空產業」規則

作為「時空產業」的飯店業

　　飯店業，又被稱為「TIME AND SPACE」（時間與空間）產業。也可以說，只有發揮了時間與空間服務的作用，飯店業才能興盛。因此，於任何飯店而言，靈活運用時間與空間要素，都將是關鍵。

　　這個概念清楚了之後，我們就能把握一個原則：即使要迎合客人需求，也必須有效對應時間與空間的合理性、合適性。

　　一個關於「時空原則」的例子

　　客人打來訂房電話，說：「明天我很早就到，請早上6：00幫我準備好房間，住一天。」

　　怎麼辦？

　　首先，應客人的需要，馬上在電腦上確認6：00有沒有空房。然後，表明全面配合的態度。同時，告訴客人：要交納兩天的住宿費。

　　一般情況下，客人會不解：「為什麼？我只睡一晚！」

　　此時，即使客人抱怨，我們也不能讓步，因為中午12：00之前的客房都屬於昨天的商品，就是說，如果6：00開始用房，就等於買下前一天的房間使用權。反過來說，如果你使用房間，則飯店方面無權在第二天的12：00之前讓你退房。

　　也許客人還不依不饒：「但如果前天就有房間空出來，沒人住，就可以

免費給我了。」

這時，我們大可以溫和而堅定地婉拒。否則，我們將違背商業之「最大限度地利用時間與空間原則」。

當然，特別授權另當別論。須知，違背這個規定，破壞的將不是一件事，而是一個體系，最後，會難以收場。

另一類可能的事情

假如客人預訂了晚上8：30的餐位，而餐廳營業時間是5：30。通常，餐廳會在8：30之前，安排另一組客人在那個座位用餐，這是因為座位空3個小時會影響經營效益，浪費空間，同樣違背「最大限度地利用時間與空間原則」。

但有時會遇到客人延長用餐時間的尷尬情況。於是，後來（已預訂）的客人就會抱怨。當然，客人沒錯，錯在飯店。那麼，怎樣處理這種情況呢？

接受預訂時就跟客人說清楚：「我已經為您訂下來了。不過，那個時候最忙，所以，如果位子還沒空出來，可能會調換其他位子，或需要您稍等一會兒，您看好嗎？」

也許客人仍會因此而不高興，但這種「預防針」還是減少客人抱怨的有效手段之一。

飯店服務「時空服務」

飯店服務，說穿了，就是為客人提供一個舒適的空間（SPACE），使客人愉快地度過屬於他們的那段時間（TIME），並收取一定費用的商業活動。

有效的空間服務原則

「空間服務」的核心是創造「舒適感」，輔助目標是體現「品味」。為此，我們必須細心關照這樣幾點：

1・安全

客人的生命、財產、隱私，在此能夠得到充分的保障。因此，防火防盜的基本措施（員工安全引領訓練、通道、防火牆等）到位，可視指示（標誌、指示燈、應急照明、避難圖等）應清晰可辨，相關用品用具（手電筒、

171

防毒面具等）應有效配置。

2・潔淨

這是決定客人心情好壞的重要一環。因此，全員都應投入到清掃工作中，任何職位都必須一塵不染。備用品、用具、洗浴用品等要清潔（可視）、衛生（不可視，但可測試），並配置得體、充分。

3・品味

現代人的品味概念，已經脫離了富麗堂皇的趣味，而進入了個性、文化的層面，關鍵是要讓客人感到不俗。

4・有效率地利用有限空間，不浪費

確保空間的良好狀態；削減無用空間；保留經營空間；改造和更新，使之常用常新；不斷檢查，確保可用、能用、好用。

有效的時間服務原則

「時間服務」的核心是創造「愉快感」，輔助目標是「輕鬆」。為此，我們必須保持陽光心態，善用美好語言，發揮聰明才智。

1・親切待客。

以合適、愉快而不失幽默的語言，跟客人談話；平心靜氣地應對任何事項；細心地照顧客人。至於微笑，當然，只是這個過程中的一個「副產品」。但反過來，「副產品」卻會發揮重要的作用。

2・有效率地利用有限時間，不浪費。

3・管理好時間。

重點是營業開始和結束時間的管理，要嚴格遵守。但遵守原則要講技巧，如怎樣對待坐著不走的客人等等。

十一、因勢利導

飯店的態度：從「禁煙」說起來

在這個規章制度日趨緩和的時代，有關吸煙的規則卻是越來越嚴。如航班無論是國內線，還是國際線，都全程禁煙。即使在車站月臺，也只有一角吸煙室（處）可以吸煙。越來越多的大樓全樓禁煙。對吸煙者來說，這不是一個好消息，因此，會有遭受「歧視」的感覺，抱怨也就在所難免。

但在服務業，尤其在飯店，與其高呼「禁煙」，毋寧多多改善週邊狀況，使吸煙者與不吸煙者「各得其所」。2005年，廈門國際會展飯店在大廳最好的地方開設了一間「愛煙俱樂部」，與公共休息區相鄰，有流水、樹木設計配合。然後，在大廳等公共場所實施「禁煙」，並有完善的「禁煙」服務流程，引導客人到吸煙室。此舉不僅沒有引發客人投訴，「愛煙俱樂部」還成為飯店一景。

這是飯店應採取的正確態度。

有規則，更要有手段──服務

上例也說明了另一個道理：如果僅有規則，而沒有與其配套、令大家自覺遵守的手段，違規者將層出不窮；而若手段不能令大家接受，則故意違規現象將頻發，並引起衝突，造成進一步的抱怨、投訴甚至訴訟，對飯店傷害更大。

因此，必須弄清這個手段應該是什麼。

是什麼？

是積極、主動地為客人提供方便。因此說，這個手段，即服務，而不是抱著管控、限制的心態。心態決定手段的性質，也決定了所選擇行為的方式和最終效果。

比如，現在風行戶外活動，大家都出去旅遊，以至於很多風景區大小旅館林立，於是，非議接踵而至，有指責「汙染水源」的，有表示「廁所衛生讓人難以接受」的。初時，景區的管理部門開始立牌告示：「嚴禁汙染水源！」或「此處嚴禁......違者罰款！」而這類告示的結果如何？路人皆知：基本沒效果。後來，人們的觀念改變了，在水源地邊設立了一個現代化的飲水處，告示牌上的文字表述，也優美起來：「請盡情享用這美味的泉水！」很自然地引導人們保持水清潔。

兩相對比，效果截然不同，而這就是充分考慮了客人的消費心理。

再說「禁煙」

如果一家飯店的管理者為了讓人們遵守規則，只能提出「禁止」，而想不出「更好」的辦法的話，那麼，這家飯店管理一定是失敗的。

因為這裡沒有服務。

仍以「禁煙」為例。比如，某大廈全面禁煙。管理層的第一個做法，是在大廈門外張貼出告示：「本大廈全面禁煙！」會產生什麼效果呢？大廈門外煙頭纍纍。邊走邊吸煙的人看到告示，隨手就把煙頭扔在那裡了。這不是很滑稽嗎？

解決的辦法很簡單，就是在貼告示的同時，在大門外配上煙灰缸（筒），再安排人員勤於打掃。這就是透過服務來禁煙，而不是透過禁煙告示來禁煙。

飯店有「吸煙樓層」（房）、「不吸煙樓層」（房），難道能放任吸煙房有煙味兒嗎？應恰恰相反，正因為是可吸煙房，排氣設備更要改善，同時還要經常替換煙灰缸，以保持空氣清新。

服務不外乎如此。

遵守規則的一般心理

首先，是飯店有所期望：客人遵守「禁煙」規則。

然後，有兩種做法：

1．禁止、強制：「吸煙區以外地點嚴禁吸煙！」或一片「禁煙」標誌。

客人會如何想：為什麼命令我？什麼態度！我偏偏不執行！我煩！我討厭你們的做法！

2．準備、循循善誘：準備好乾淨的煙灰缸，或在合適的地方設立清潔的吸煙室或吸煙區，然後，有人引導客人。

客人會如何想：人家特意提供了吸煙服務，應該去指定的地方吸煙。

十二、督促客人遵守禮儀是員工職責

禮儀禮貌的用意

禮儀禮貌的最基本用意，在於確保你的行為不會令週邊人覺得不快。

即使是私人場合，也不能不顧及他人意願而不拘小節。在公共場所，就更要保持起碼的禮貌了。比如在家，你可以隨便把腳放在餐桌上伸懶腰，但

在飯店大廳，這樣做就很沒禮貌。

有些客人在餐廳用餐時會讓腳出來「呼吸」，員工一旦發現，就應立刻提醒客人注意。一般客人都會說聲「SORRY」（對不起），問題也就解決了。還有一些客人在客房裡赤身裸體，讓服務人員大驚失色，不知所措。客人的這種舉止也是不合適的，儘管房間是私人場所。

督促客人遵守禮儀禮貌規則是員工職責

飯店員工最不能做的事，是顧慮到對方是客人身分，而對不講禮儀禮貌的客人行為視而不見，或裝作「沒看見」。那會演變成大麻煩，因為這些人破壞了飯店的品味和等級，而其他客人在觀望。

一般而言，由飯店員工對客人做出提醒，客人會馬上改正，但換做其他客人表示不滿，則情況會很糟糕：他會生氣，會演變成「為什麼要被你教訓！」甚至客人間吵架。

所以，督促客人遵守禮儀禮貌規則，是飯店員工的重要工作之一。

督促的技巧

在烈日炎炎似火燒的夏天，人們在飯店裡，會感到舒服而放鬆，於是，就有人躺到沙發上熟睡。這在其他客人看來，肯定不舒服。這時，員工應該上前提醒：

「先生，這裡不能睡覺！」一些客人自覺沒趣，便改正了。但也有一些客人會不高興：「開什麼玩笑！我哪裡有睡覺？閉一閉眼睛想一想事不行嗎？」

問題出在哪裡？在語氣。是服務的語氣，還是制止的語氣？

換個語氣，由命令式換到詢問式：

「先生，不好意思打擾您，這樣（睡覺）很容易感冒，要不請您到房間休息吧！」

這樣，客人就沒了生氣的餘地，會糾正自己的行為。

飯店賓客有違禮儀的事情

1．著浴衣在大廳或其他公共區域休息、行動。

2 · 在高星級飯店著半袖、短褲休息、行動。

3 · 在大廳打盹或睡覺。

4 · 在飯店內跑來跑去。

5 · 不顧他人而在店內大聲喧嘩。

6 · 聊下流的事情。

7 · 攜帶導盲犬以外的寵物進入飯店。

8 · 攜帶危險物品進入飯店。

十三、拒絕客人無理要求

林子大了，什麼鳥都有

無論哪裡都有「極端分子」，他們的抱怨沒有來由，或根本沒有道理，或有悖法律和道德，給飯店從業者帶來困惑。

不過，這都正常，林子大了，什麼鳥都有。我們應有這樣的心理準備，以見怪不怪，穩定服務心的根基。否則，就會隨時見「怪」，動搖這個心理根基。

一般處理規則

1 · 要關注這類客人！為的是不讓他們無事生非，給其他客人帶來麻煩。這將有損飯店聲譽。

2 · 提醒、告訴客人，若他還不改正，則要召開專題會議討論，達成共識。這是一個嚴肅的議題，不得等閒視之。

3 · 指定管理人員向客人通報，並作好後續工作的安排。

4 · 將他列入「UG名單」（不受歡迎的客人名單）。

第八章　訴訟：飯店危機服務的極端形式

「投訴處理」問題解決了，「冷漠反應」、「抱怨」等若干危機服務的難題，大都可以迎刃而解。但總有例外，一些糾紛無法透過投訴處理等方式解決，而要訴諸法律，以求一種特殊的、具有強制性的「溝通」來解決，這就是飯店危機服務的最極端形式：訴訟。

伴隨訴訟前後的，還有一個國際慣例問題，比如飯店收取自帶酒水「開瓶費」是否合法？自助餐能否收取「服務費」？等等，這些問題將越來越難以「慣例」為由來搪塞，並可能引發訴訟，一併在這裡討論。

一、遺失或失竊

遺失或失竊

遺失或失竊，是飯店中最常見的事故。遭搶劫雖然少見，也屬此類事故。為敘述方便起見，以下通稱「遺失」。

怎樣遺失的？什麼人「偷」的？何時遺失的？在哪兒？遺失何物？等等，往往因情況不同，飯店所承擔的責任也有所差異。

住宿（就餐）客人的物品寄存

我們可以對象主體不同而將遺失分為兩類，一是發生在住宿或用餐客人身上，二是發生在非住宿或非用餐而單純寄存物品的客人身上，如已結帳離店的客人寄放的物品。

前者寄存物品的客人，指飯店、餐廳等服務設施的消費者，後者則是將自己的物品委託給店方臨時保管。

委託關係由當事人認可對此物的保管或接受此物品時起生效。一旦發生該物品的損壞、丟失，在受委託方（經營者一方）不能證明其起因為「不可抗力」時，便脫不了賠償損失的責任。

不可抗力

不可抗力，指人力所不能及或無法左右的天災地變，如地震、泥石流、火山噴發、雷擊等，為自然不可抗力。同時，也包括人為造成的破壞。

一家飯店在夜間12：00，突遭5名蒙面搶匪衝擊，以槍逼迫飯店工作人員就範，然後，奪走貴重寄存物品，逃之夭夭。

這一般可歸於人為不可抗力。

顯然，問題核心是店方必須有能力證明這種狀況的形成確為不可抗力所致。但實際上，在大多數案例中，儘管人們傾向於用警方調查的結果來證明，而物品遺失等事故的發生，常常很難明確起因是否為不可抗力。假如上例中的5名搶匪手裡拿的不是槍，而是菜刀，則可否算作不可抗力，便會有不同結論了。

飯店保險箱

現在很多飯店客房內設保險箱，分為鑰匙式和投幣式兩種。那麼，當客人對此加以利用時，可否被認定為「這些收容品已委託給店方了」呢？

這有兩種說法。一種說法認為，飯店設置了以保管客人物品為目的的保險箱，並以書面或服務員口頭傳達的形式提示客人將貴重物品收入箱中保管，實際上，就等於飯店已經表明了接受保管的意思。同時，當客人將所帶物品收入箱內並加鎖之後，該物品的擁有權即在此時起轉移到對保險箱擁有管理權的飯店方面，尤其在對此徵收費用時（可以將此認定為保管費），完全可以認定店方已接受委託。

第二種說法反對這種意見，認為設置保險箱的事實並不等於接受寄存委託，只是單純地提供一種便利、一種服務，而且，也無法斷定其中收容的物品已轉移到飯店一方，因為保險箱的鑰匙由客人自己保管，投幣式亦然，主動權仍在客人自己手中，故此，不能說該物的管理權已移入飯店一方。在這種狀況下，有關寄存關係的契約並不成立。

另外，關於投幣式保險箱利用過程中所投入的金額，可以認定為飯店方收取的「使用費」，而這只能從服務的角度來看待。包括飯店方面提醒客人妥加利用的告知，也可以認定為僅僅是一項「必要的服務」而已。

飯店或餐廳的立場

1‧飯店、餐廳方面接受的客人寄存物品發生遺失、破損等事故時，當店方不能證明其起因於不可抗力時，應負擔賠償損失的責任，具體賠償金額則應協商解決。

2‧飯店客房內設保險箱所保管的客人物品，不屬店方接受寄存委託的物品。因此，服務人員應該提醒客人「貴重物品請寄存櫃臺」。

未寄存物品遺失的責任

客人隨身攜帶而未向店方寄存，即寄存關係未曾發生情況下的攜帶品（包括首飾類）遺失，要看是何原因所致：

1‧由「店方疏忽」所致。

2‧由「店方過失」所致。

3‧由「店方故意過失」所致。

4‧由「客人自己疏忽」所致。

比如，客人隨手將衣服掛在飯店庭院內的樹上，便去散步，造成遺失，當然是「客人自己疏忽」所致，而不能歸於「店方疏忽」，更不是店方「過失」和「故意」。後二者在民法中有相應的規定：因故意或過失侵害他人權利者必須負責由此造成的損害，按不法行為加以論處。這是一個大原則。

總之，在遭遇這類問題時，一定要具體分析事實，進行判斷。

我們應把握這樣一個根本原則：

飯店、餐廳等服務場所，對於非寄存物品的遺失，只應在確認事故起因於飯店「故意過失」時，才有賠償損失的責任。

「疏忽」與「故意」的責任判斷

關於店方的「疏忽」與「故意」，必須由客人一方做出證明，我們稱此為立證責任或舉證責任。

在客人主動寄存物品的情形中，我們要求由店方首先證明，而這裡，我們強調客人方面的證明。如果客人只說「衣服搭在舞廳椅背上，便沒了，應該是店方的疏忽」，或說「手錶放在房間桌上便沒了，服務員很可疑」，是證明不了店方「疏忽」或「故意」責任的。

此時，也可以借助警方的力量來證明。

現行犯的問題比較簡單，指的是在現場實施犯罪活動者，無論有多少人，均可以在不持逮捕證的情況下加以逮捕。但對於除此之外的其他任何情況的指證，則必須有具體事實，如親眼所見或知道其藏在身上某處才可以。

「疏忽」的具體範圍更難一概而論，必須就某事論某事，遵循具體問題具體分析的原則。比如，在飯店客房的使用權屬於客人期間，整個房間範圍內的空間及其物品的管理權，其實都已轉移給客人自己了。如果客人出門忘記施鎖造成丟失，自然不能追究店方的「疏忽」責任。當然，如果服務員已經發現客人沒有鎖門，仍然對外來者不加注意，或發現外來人入室也不加問詢，便不能不追究飯店責任了。

在舞會或其他大型集會場內，店方一般不對放在休息室內的物品負有監管責任。提供休息室，可理解為一般意義上的「提供便利服務」，僅限於此。

單方面「承諾」與「拒絕」責任

我們看到，一些飯店在顯眼處貼出告示：「客人攜帶物品發生損壞、遺失等情況，本飯店概不負責。」這能免責嗎？當然不能。

這類告示，或經口頭傳達的內容，在法律上是無效的。換言之，這只是飯店單方面向客人提出的要求。

但若反過來，公告出於對客人有利的承諾，如飯店告示中明確指出：「如發生本店客人攜帶品失竊、破損，不拘任何理由，我們將負擔全部責任」，則是有效的。

這點與物品寄存行為中有關「不可抗力」及這裡提及的「疏忽」都不相干，只是飯店方面作為一項經營原則，向客人提出的責任承諾。

那麼，如果店方已在告示中明確指出：「貴重物品請寄存總服務臺」，而客人沒有寄存，並因此而發生了丟失，業者能否擺脫責任關係呢？也不能。因為告示的有無，只具提醒作用，而不具法律效力。故此，不能對法律效果產生影響。但有此提醒，可以在發生糾紛時，有助於業者方面的辯護。

責任期限與我們應把握的原則

物品遺失的賠償責任有效期，國際上比較通行的慣例是一年，即「在店

方返還客人寄存品，或客人取走攜帶品後一年為有效期限。超過一年，責任將自行解除」。但「如果客人物品全部遺失，則此時限由客人離店時算起。」

總之，凡客人攜帶物品未正式向店方寄存，而發生遺失或破損，在客人方面不能證明事故出因於店方的故意或疏忽時，店方無需負擔此責任。但在怎樣程度上可以視為店方的疏忽等項，不同飯店、餐廳應制訂自己的處理原則。

保管貴重（高價）物品的責任

一般慣例認為，貨幣、有價證券及其他貴重、高價物品，如貴重戒指、首飾、照相機等，經當事人向店方申明種類及價格，並委託寄存，則店方必須對此部分物品的丟失、損壞負擔賠償責任。

那麼，這是否就能說，當客人未能「申明種類及價格」時，店方便可以在裁決中佔優勢呢？可以這樣說。

這樣說來，貴重品反而容易處理許多？正是這樣。

這條慣例是基於物品託運的法令條文形成的。託運物品發生遺失，必須以當事人與受託人之間簽訂的契約關係為準則進行裁決。這個契約，就是客人事先填寫的託運單。託運單中都有「保價金額」、「物品價值」和「內裝物品」等欄目。

當然，貴重物品未經申明種類及內容便寄存給飯店，並發生遺失或損壞，若能被證明，則店方要負責賠償。在這種情況下，「未經申明」一點，只可以用來指證客人方面也有過失，並進而抵消飯店部分責任，減少一部分賠償金額，僅此而已。

無法判斷責任時的做法

在實際工作中，判斷客人的寄存品是否貴重，往往是件十分棘手的事，或根本不可能。因此，只能就事論事，協商解決。

不過，作為飯店，還應有自己的道義原則。比如，儘管客人沒申明價格，但當他能證明確實將錢包放進了店方的貴重物品保險箱時，寄存與保管關係即告成立，一旦遺失（被盜、被搶），則店方應從道義上援助，如免其住宿費，或賠償部分購物費（購買最基本特色產品等）和歸途的旅費。

但如果客人堅持說錢包內裝100萬元，則店方便不宜就此做出退讓。這種情況下，美國法律規定賠償上限為500美元，日本規定最高賠償金額不超過10萬日幣。此外，日本還對大、小型旅行箱遺失的最高賠償金額做出了規定：前者5萬日幣以內，後者2萬日幣以內。

不過現在的情況越來越傾向於客人，判例常常都更加嚴格地追究業者的「過失」責任，並以此為理由，責成店方承擔部分或全部「不法行為」責任。

飯店可否拒絕客人寄存貴重物品

有飯店業者提出，每位住宿客人的住宿費不過幾千元、幾百元，甚至只有幾十元，卻要擔負其幾萬元或幾十萬元的貴重物品保管責任，得不償失。那麼，飯店能否拒絕客人寄存呢？

拒絕，不違反任何法律。因為飯店的本質，即在於「除特殊或特定的場合之外，只負責向客人提供住宿服務」的義務，所指的是客人的「身體」部分。故此，其身外的貴重物品，或可請其存入附近的金融機構或請客人自行保管，均在可以理解之列。

當然，大部分飯店不會採取這樣的實際行動，因為違反一般的服務準則，會給客人帶來麻煩，除非客人自己提出來。

加入專項責任保險

近年，各國保險制度日臻完善，越來越多的飯店都加入了「飯店賠償責任保險」。國際旅遊者往往對此十分明瞭。

該項保險是在各種特別約款成立的基礎上發揮效用的。保險公司將向因客人物品受損而導致賠償的飯店補支該部分金額，且不論相關物品是寄存物品還是非寄存物品。換言之，飯店向客人支付的賠償金中，既包括與法定責任相等部分，又包括超過法定責任支付的部分。所以，保險公司補支給飯店的，也不限於飯店法定責任的限度，還要包括一些沒有達到法定責任程度，但社會習慣認可的部分。

這不是由法律決定，而是由保險制度的性質決定的。當然，該項保險對高價寄存物品的賠償金額都設有一個限度，只是不同國家的具體數額不同而已，如日本規定「每件最高10萬日幣」。

寄存卡引發的事故

客人寄存物品之後，店方必須提供一式兩份的「寄存卡」，以明確或證明這種寄存與接受的關係。那麼，這種寄存卡具有怎樣的法律價值呢？或者說，如果當事人丟失寄存卡而物品被拾到者冒領，店方是否必須承擔由此而造成的損失呢？

在法律中，我們將這類證明卡歸為「證券」類中。證券因其法律價值不同，被分為有價證券、設權證券、免責證券及單純的證據證券四類。

有價證券證明該證券對金錢或物品擁有所有權，並必須在行使此權利時出示此證券，如旅行支票、信用卡、商品券等。

設權證券是在製成之時起，權利即被設定的一種證券。從另一個意義上看，旅行支票、匯票等也是設權證券。

免責證券，指向持有該證券的人履行證券所定的債務，即便其後出現真正的債權人，債務人仍可獲免除責任的一種證明。有價證券同時也是免責證券，但免責證券卻不都是有價證券。

此外，以上各類證券同時又都是證據證券。單純的證據證券可以成為一種證據，但卻無法認定其有價性或責任性。這些，要透過法定或社會慣例來認定。

比如，火車車票是有價證券（誰都可以使用），但檢票之後便成了證據證券，只限於當事人才有效。

寄存卡屬於免責證券的一種。免責證券保護「善意返還物品的人」。典型代表是持存摺和印章到銀行取款的情況。只向返還物品者支付業務，則即使其後出現真正的所有權者，該業務當事人仍將被免除責任。這裡的特定條件，是面對不特定多數人，業務擔當者不可能一一辨識對方。這是由業務性質決定的，此時，只有透過證券所具有的法律價值來認定行為了。當然，前提必須是善意，並且沒有任何過失。法律不承認善意，但卻能判斷惡意。

那麼，如果有人拾到高價寄存物品的寄存卡（與店方的寄存卡相吻合後生效），冒領了物品，這寄存卡能否具有免責性呢？

這樣的寄存卡只是證據證券，而非免責證券。上面寫有客房號、客房服務員姓名等，只需向客房部徵詢即可確認其持有者是否為本人。而免責證券

所強調的，是在面對不特定人群時行使的一種「只認證券不認人」的手段，是不得已而為之。故此，需要飯店方面對此細加斟酌。

處理要點：「只認證券不認人」

在人數眾多並相對集中的飯店、餐廳服務臺前，以有效寄存卡換取物品時，只要業務人員出於善意並沒有任何過失，則其不承擔此過程中發生的任何事故造成的責任。

將高價物品寄存卡分作兩半，店方與客人各執一半，則店方必須在移還物品時確認領物者為寄存者本人，否則，店方將承擔部分責任。

二、火災

火災造成客人財產損失的責任

飯店火災不可能根絕，有時甚至會造成重大傷亡，因此，飯店經營者當以提心吊膽的態度對待火災，時刻防範。

因火災造成客人「寄存物品的消失或損壞」時，店方責任的有無，關鍵在於店方能否證明以及在怎樣程度上證明「火災起因於不可抗力」，而因火災造成「非寄存物品的消失或損壞」的店方責任，則與其「有無疏忽過失」相關聯。

不過，「不可抗力」與「疏忽」往往成表裡關係，所以，對上述兩類客人財產損失，飯店均要擔負同一責任。

飯店火災造成連帶損失，基本可歸於不可抗力。但若起火原因在店方過失，則與失火罪相當，不為不可抗力。若可以推定為漏電、客人煙頭所致，則可以否定業者的失火責任，店方可以堅持認為此為不可抗力。當然，漏電情況也可能被追究為店方管理不善。

同時，從眾多案例分析中，我們發現，即便是延燒或客人失火，第一責任不在店方，問題還要從相關狀況下的處理細節上，加以深究，即客人寄存物品能否搶救出來這一點十分關鍵。假如在火災狀況下仍有充分的時間可以救出寄存物品，則造成此部分損失者不為不可抗力。

此外，還有出於飯店防火設施不完備而構成的店方責任。

民法怎樣說

大部分國家的民法都有規定，因故意或過失而造成侵害他人權利者，必須承擔賠償由此造成損失的責任。此中的大原則是「不法行為責任」。失火之責在於因這種過失造成他人所有物燒燬，從而構成對他人所有權的侵害。但在很多類似情況下，飯店常常可以免脫賠償責任。這是出於一種均衡理論的慣行方法。火災可能因極微的過失而發生，並且損失額不可估測，所以，責其負擔由此造成的全部損失，對過失者而言過於殘酷。

故此，此時必須區分輕微過失和重大過失的量度。重大過失指一般人不易發生的嚴重過失，該種情形不能享受此項「恩典」。

民法之外的說法

當然，重大過失也好，輕微過失也好，都是相對於民法中的不法行為責任而言的。在飯店業務契約上，還有另一重義務，即保護客人人身及財產的安全。所以，店方不能免脫對寄存物品的受託責任。

比如，你借宿朋友家失火燒了這家及其鄰居的房子，這便構成了對鄰居的不法行為，你可以免脫對鄰居的賠償責任，但對朋友家卻免脫不了賠償責任。與此類同，飯店託管的客人寄存物品，或客人隨身攜入店內的物品因火災而損失，在店方不能證明此火災以及當時無法搶救的狀況為「不可抗力」時，則飯店方面不能免脫賠償損失的責任。

關於高價物品

關於高價物品，若客人未經事先申明內容、價格而寄存，則店方不承擔此部分賠償責任。當然，若在平時，我們是無法擺脫被作為不法行為加以追究的結局的。

但在火災情況下，往往可以使店方從兩方都獲得免脫。

火災造成物品損失的處理要點

因火災造成客人物品損失時，若能證明其為店方故意過失或店方火源，或可證明在火災狀況下有防火設施不完備現象及避難、搶救遲緩不當者，店方必須承擔住宿契約上規定的賠償責任。但如果客人沒有就物品內容、價格等加以申明，事後才聲明是高價物品，店方可不負擔此部分責任。

火災造成客人傷亡的責任

因火災造成客人傷亡事故，也依上述的思路處理：若原因不為飯店方面失火，或即便是店方失火，而非重大過失所致，飯店方面可以免脫不法行為的責任。

不過，住宿契約（或慣例）要求飯店必須保障客人生命、財產的安全。火災原因不論，一旦發現飯店設施不完備或火災過程中避難疏導不利，即可以作為「未能履行債務」，並因此而責其負擔傷害的賠償責任。

「霍夫曼公式」

對傷亡客人的賠償金額，各國演算法均有不同。慣常的演算法是「霍夫曼公式」法——按一般人壽命的尺度，計算出此人大概可延年數，再算出這些年中此人的收入總數，從中扣除其必要的生活費部分，依餘數還原出利息，折算成現金額，並以此作為損失額。

當然，也有應用其他方法的。而無論哪種方法，都對在職成年人具有合理性，對未成年者、未就業的青少年、兒童以及即將走完人生的老人而言，便不適用了。不過，在很多情況下，對後者也常採用此方法。

注意，這與人壽保險不能混為一談。

雖然上述理論有其可行之道，但在實際計算傷亡賠償金額時，情況就要複雜多了。既要考慮到事故的原因、狀況，又要考慮到受害者、加害者雙方的社會地位、心境，加害者的支付能力及其家庭成員生活能力等種種因素，而非單純地依理論行事。

誰來追究責任

那麼，如果出現死亡，其家人是否具有要求賠償損失的權利呢？

有。對於傷害他人生命者，受害者的父母、配偶及其子女，可以主張自己的權利，作為死者的代理人，向法律執行機構提出有關賠償損失請求權的保護。

此外，一些致死和致傷、致殘案不僅涉及到民法，還要應用到刑法。各國刑法都規定，由於工作上的疏忽大意而造成他人傷亡者，將受到監禁或罰款，稱此為「工作過失致死傷罪」。

失火的責任者，本當依此法律判定責任，有時，當事人或經理將以其設施管理不善、應急處理不當等原因而受罰。

這裡強調一點，刑事責任與民事責任不同，前者強調當事人的現實行為，而不是以名義上的責任者為對象。所以，在這類案件的判斷中，業主或經理人有沒有在工作上盡職盡責，有沒有疏忽大意之處，便成為關鍵點。

現代保險金制度，也將在處理類似情況中發揮作用。一種是客人的人身保險、旅行保險類，一種是飯店方面賠償責任保險類。

火災造成客人傷亡責任要點

因火災造成客人的傷亡，若店方不能證明為不可抗力，則其必須承擔賠償責任。同時，業主或經理還可能被追究刑事責任。關於賠償金額的計算，一般是以「霍夫曼公式」法為基準。

三、存車（停車場）事故

停車服務決勝未來

飯店、餐廳以至於商店門前設立停車場的越來越多，這將成為一個趨勢，成為優質服務中的一項重要內容。可是，相應的失盜、損傷事故也隨之而來。面對多種多樣的停車事故，飯店將如何應對呢？

關於免費停車場的三個問題

這裡提示三個重要問題：

1．將車停放在飯店的停車場，是否等於將車「寄存」到店方了呢？

2．飯店的大門內或庭院，能否算是「飯店內」？

3．汽車能否算是客人的「攜帶品」？

首先，「寄存」的定義是這樣的：當事人一方認可為對方保管，或因接受了對方的物品而發生契約效力的行為。因此，我們不能認為客人已將車寄存到店方了。即使客人將車鑰匙交給店方，也不能證明這點（參考有關保險箱的說明）。店方所提供的只是停車方便。客人交來的鑰匙，在西方飯店中也只為了店方在管理其他車輛進出時的方便而已。

其次，「飯店內」的範圍是狹義的建築物範圍內，而不包括其外的部分。明確這點很有必要。

再次，關於「攜帶品」的內容。攜帶品指隨身的用品，當然，汽車不包括在內。但是，在歐美汽車旅館發生的一些案件中，有人提出，這是客人到達該場所所必要的「東西」，所以，應該為廣義上的攜帶品。況且，在預訂這些飯店時首先就要訂下存車的位置。因此，應就此進行細密的探討。

責任歸屬

我們強調：「帶入飯店的隨身物品」，即「飯店內」和「攜帶品」成為一體，否認一方即等於否認另一方。故此，以上三個關鍵問題點便化轉為兩個：「寄存」與「攜入飯店內的物品」。

當二者均被肯定時，則店方必須負擔不可抗力之外的一切責任，幾乎跟負擔高價物品的賠償責任性質一樣，不利於店方。相反，若二者均被否定，則店方將不負擔有關機動車的一切責任。

不過，飯店的一般做法，是從二者之間，找出一個合適的辦法，因為實際情況往往十分複雜。很多國家在進行極大的努力之後，歸納出了一個基本相似的規定：

在當事者之間沒有達成明確的寄存協定並相互明確認可情況下，免費停車場只是單純的場所空間服務的提供。比如，停在場內的A車被B車撞破了前燈，店方將不對此負責，因為店方並不對具體的車實施管理。相反，如果停車場周圍有小孩們在踢足球，正好砸碎了車前燈，那麼，店方將負擔責任，因為這是對停車場所自身管理不善所致。

免費停車場事故處理要點

飯店、餐廳的自屬空間供客人免費停車，只是單純在提供空間，而非「代存保管」機動車。故此，一旦發生丟失或損壞，只有當客人能證明其起因在於店方的故意或疏忽時，業者方面將產生賠償責任。如果店方代存客人車鑰匙，則在一般情況下，要有店方負擔不可抗力之外因素造成的一切賠償責任。

該原則也適於一般自行車的事故處理。

收費停車場的情況有所不同嗎

收費停車場也隨著車輛的增多而日漸增多，成為城市設施建設的一個重要項目。故此，飯店、餐廳所擁有的收費停車場，也便不單是飯店、餐廳一

方的事，也必須納入整個城市的相關法規管理範圍之內。

那麼，這筆所收費用是單純的場地費呢？還是包括對車輛實施管理的費用呢？

自然，收費標準的高低是判斷的一個依據，但就一般而言，收費停車場的費用，在原則上只是場地費。換言之，這項原則的確定似乎過分強調了一種經濟的而非法律上的見解，不利於解決實際糾紛。因此，必須以法的嚴格說法註明：

「無論免費或收費，僅作為暫借場地，而不發生寄存車輛的關係。」

這點在停車場名稱上也須有所注意才是。但是，這不等於免費與收費在責任上毫無差別，這在有關保險箱問題的講解中已經說明。

收費設施較之免費設施，更要求停車場所有者一方，即飯店、餐廳方面承擔提示、照顧的義務。汽車出入時發生碰撞之類事故，在收費停車場，便可能在一定程度上被追究為店方的「疏忽」責任。故此，也更要求店方嚴格履行其管理（不是汽車自身的管理）、監視義務。

收費停車場問題的處理要點

停車行為並不因店方徵收停車費用而改變其「僅提供場所」的性質。但較之免費停車場，店方更有義務對現場實施管理、監視，以避免因疏忽而遭追究。

四、遺失物品

飯店遺失物品處理有其特殊性

關於遺失物品，大部分國家在民法中有規定：對遺失物品，須在法定的場所，或以其他法定的手段，加以公告，此後6個月之內無人認領，拾獲者將對其擁有所有權。不過關於飯店內的遺失物品，情況便要複雜得多了，包括遺失物品和拾得物品的處理，都有其特殊性。

拾得物品應交給誰

關於拾得物品，可以分為客人拾得和從業人員拾得兩種。客人在客房、

餐廳、通道、浴室、洗手間及其他店內場所拾到他人的遺失物品，交付店方人員，店方人員必須將其交付飯店建築物的所有者，即飯店或餐廳等的經營主體，指公司自身。

這裡要明確兩個概念：一是「佔有者」，與所有權的有無不相關，只擁有對所持物品的使用支配權，也稱為「使用者」；二是「所有者」，指的是對該物品擁有所有權的人，可以完全支配物品的使用、收益和分配。二者有很多相似之點。

此外，不擁有所有權，但擁有租賃權者也可以稱為「佔有者」。

在一般意義上講，「佔有者」可以被理解為公司；而從方便角度講，也可以認定為實施具體行為的經理。不過，經理之本質又僅為該建築「佔有者」的代理人，最終權利歸屬者往往不是作為個人的經理，而是公司。因此，按基本程式，拾物者有義務將該物品交給任何一位從業者，從業者有責任將其迅速上交經理。

至於從業者自己拾到物品，當然，應該交付該建築物的經理了。

拾得者的權利與義務

從業者在飯店內拾到物品交給經理之後，經理即成為拾得者，並由此產生相應的權利和義務（客人拾到物品上交後，客人為拾得者）。

就義務而言，他必須「迅速將該物品返還給失主、所有者或擁有請求返還物品權利的其他人，或上交員警當局」，並必須在7日之內完成以上手續，否則，便失去拾得者的權利，而另當別論。

不過，很多飯店都認為客人會很快有資訊傳來，常將其存放半月到三週左右，這其實是違背原則的。

再就權利而言，可以分兩種情況，一是失主出現，二是沒有失主。如果出現失主，則可以獲得失主的酬謝金；這是權利所當。一般額度為「所還物品價格的5%以上到20%以內」。

具體而言，當從業人員拾到時，經理可獲5%到20%範圍內的酬謝金；當客人拾到時，則可以在此範圍內與店方各得二分之一。

「物品價格」一般指「適當的時價」。比如，失主強調「失而復得的這塊手錶是朋友送的禮物，是白送的」，也仍可按適當的時價折算並支付酬謝

金。我國大部分人沒有這個習慣，另當別論。

如果沒有失主，則應按規定辦理公告手續，之後6個月（自交付日算起），遺失物品所有權自行轉移。從業者拾得，轉向經理；客人拾得，轉向客人。只是保管費、公告費及其他相應費用要由最終所有權者支付。

根據物品性質、價格不同，保管費及相關費用標準亦不一樣，拾得者如果認為該拾得物可能會收費較高時，可以事先申明放棄有關拾得物品的一切權利，並可因此免除支付費用的義務。也可以放棄作為拾得者的權利。一般人出於人情常理都採取此辦法。經理也可以放棄此權利，但若客人拾得者放棄，則此權利自行轉向經理，不過，在失主出現的情況下，即使客人拾得者放棄權利，經理仍只有申請自己的部分的權利。注意，這裡的「經理」，不是指經理個人，而是其所屬的公司。

拾得物品的處理手續

鑒於以上情況，飯店在接受客人送交的拾得物品時，一定要請客人填寫一份清單，註明物品名稱、拾得時間、場所、客人住所、姓名以及對其擁有權的態度（行使還是放棄），並署名。

拾得他人的遺失物品時，拾得者將在此後獲得該物品的所有權（沒有失主），或有權接受酬謝金（出現失主）。這是一般情況下發生的權利。如果物品遺失在飯店或餐廳內時，則此權利歸屬該公司或由客人拾得者與公司平分。

不過，一般人都會選擇放棄行使此權利，為的是一種「社會道義」。

五、食物中毒

飯店與餐廳的債務

餐廳必須負擔向客人提供「清潔、無害、衛生的食品與飲料」的債務。飯店亦然，必須在保障客人人身與財產安全前提下，提供住宿及履行上述食品、飲料的債務。

一旦發生食物中毒事故，即等於店方沒能履行以上債務，客人可以作為債權者，向店方要求賠償相應的損失。

但是，客人身體受傷，又有時要應用到民法的其他條文，如「因故意或過失侵害他人權利」，店方便要賠償由此產生的損失，亦可能被作為不法行為加以追究。

殺人或傷人，或盜竊，或破壞物品，在刑法上都另有規定，僅就民法而言，當事者必須無條件承擔「不法行為」的責任。而客人的身體、生命，無疑是最高的權利對象，對此項權利的侵害，自然應予以賠償。

賠償多少

那麼，具體金額應如何計算呢？

人體不同於物體，很難按一般標準定價，也很難予以客觀地把握。慣例是支付與醫療相關的全部費用、本人不能工作造成的收入損失、若干慰問品類費用等。

如果因食物中毒而出現死亡的情況，可參考火災死亡的計算方法。

只是這裡不存在免責的可能性，較之不履行責任，更應納入對不法行為進行處理之範圍，或應用刑事責任的有關法律條款。

應把握的處理要點

食物中毒作為飯店、餐廳等的不履行債務或不法行為，不僅要向受害者賠償包括醫藥費、歇業補償費、慰問費等在內的所有損失，同時，也可能被迫追究刑事責任。

六、洗滌物品

洗滌物不同於寄存物

飯店洗滌部是專門向內外客人（客戶）提供洗滌服務的，是飯店服務的一項重要內容。那麼，對於洗滌物品，是否可認為是與上述高價物品、機動車相同的「寄存」物呢？

當然不是，後者對象以保管為目的，前者則以洗滌這一工作業務為目的，是兩回事。

洗滌又可以分為兩類，一是店內洗滌（使用自己的設施），二是送出洗

滌。但無論哪類，對客人的第一責任都發生在直接店方。

洗滌服務適用於「承包合約」

接受洗滌物品在一般理解中，都可以與「承包某一項工作」的意義相同，因此，可以適用一般「承包合約」的規定及其相關約束要件。比如，當洗滌物品出現破損、汙染或燒焦現象時，應按照承包合約或參照慣例辦：

1．預訂者可以向承包者提出限期修補的要求。

2．若破損、汙染嚴重，則可要求賠償此部分損失（因破損、燒焦等造成價值的差額）。

3．雖經修補，仍無法挽回價值的跌下時，可在要求修補的同時，要求賠償。

洗滌物丟失

客人托洗的洗滌物品丟失，可以應用有關「寄存」的規定。只要不是出於不可抗力，則店方必須賠償此部分損失。

洗滌服務應注意的其他細節

1．如果該項洗滌為送出作業，則店方要先向客人支付賠償，然後再同洗滌方交涉。

2．如果客人要求洗滌的物品質地脆薄，飯店方則需先徵求客人意見，在客人認可並在洗滌單上註明後送洗，店方將不負此責任。如果客人未加任何說明而送洗，被洗滌部門認定為「無法正常洗滌」者，則當事服務人員必須再度向客人確認此條件。

3．可以透過制定相應的規定或特別契約，獲免部分或全部責任。如在洗滌單上註明怎樣情況下的洗滌責任由客人自負等。不過，如果店方在接受洗滌物品時發現問題，必須再次向客人說明。

總之，飯店接受客人的洗滌委託並接受洗滌物品，則無論其採取店內洗滌還是送出洗滌的方式，即應視作「承包」。故此，若出現破損、焦損或汙染等，店方必須負擔修補、賠償損失的責任。

七、員工責任

「無過失責任」

國際通則認為，一切事故造成的賠償責任都應由加害者本人負擔。不過，在今天的飯店生活中，這種情況正在發生根本改變。從業者造成第三者的損害，而飯店視若無睹，任由其個人承擔責任的現象，已經不能為飯店的正義觀念所認可了。同時，從業者個人的能力有限，受害者往往不能獲得充分的賠償，故易造成雙重的不幸。

因此，各國法律都規定：凡發生在飯店服務過程中的加害行為，都要追究其所屬飯店的賠償責任，儘管飯店方面未曾直接加手於此。

我們稱此為「無過失責任」。

這一點，跟我們傳統意識中的「無過失則無責任」的那個「過失責任」觀點截然不同。

從業者是你飯店的人，因此，飯店有責任和義務對其實施「選擇、任用、監督、管理」。在相關案例判斷中，如果飯店方面能夠證明自己確實履行了上述責任和義務，並且嚴格實施了選擇、任用、監督、管理的措施，則可以免脫無過失責任的追究。

不過，這種證明過程往往十分困難，事實上，甚至是近乎不可能的。所以，在一般結果上，飯店仍將被課以無過失責任，並受到追究。

「執行飯店業務指令」

關於「執行飯店業務指令」的理解，傳統觀念以為：雖然屬於執行飯店業務指令，但當事人沒有遵照管理者的實際意圖，而是從自己的角度，以其個人意志為基礎行事，造成對第三者的傷害，這時，不應追究飯店的責任。

不過，在現代人的觀念中，仍要求飯店負擔責任。因為「執行飯店業務指令」的範圍越來越大。比如，從業者利用飯店的汽車去渡假，並在此間以車撞上他人，一般認為不需飯店負擔責任，但國際上很多判例都追究了飯店的責任。當然，有關交通事故還有另外的法規，這樣的結果就等於雙重懲罰。典型的例子是美國一位內務部官員的車子借給祕書辦理一項與該官員無關的事務，途中撞死行人，結果，事故主體（車子所有者即政府）被判對此負責。

儘管如此，「執行飯店業務指令」的核心點，仍在於「執行飯店業務指

令」，如果該從業者未經飯店允許而擅自駕車外出而造成事故，則飯店不應對此事故負責。再如飯店廚師跟客人吵架，廚師以廚刀刺傷客人，這類事故則不為「執行飯店業務指令」過程中的事故。

員工責任的處理要點

無過失責任的承擔者不指經理或業主個人，而是事業主體即飯店。另外，事業主體擁有對飯店直接事故責任者要求償還該部分飯店支出的權利。就此而論，這項慣例的根本點，不在於保護飯店從業者，而在於保護受害者。當然，很少有飯店行使要求從業者償還債務的權利。

從業者因事實與飯店業務相關的活動（行為），而造成第三者損傷，在飯店方面不能完全證明其「選擇、任用、監督、管理」上的完美性時，要負擔損傷的賠償責任。

「飯店業務」的範圍越來越大。

飯店擁有事後向該從業者要求償還該項債務的權利。

八、設施問題

設施造成損失或傷害

除去與事業主體、從業者行為相關的部分外，一些事故的發生是由建築物及附屬設施的缺欠引發或造成的，包括財產的損失和人身安全的傷害。飯店、餐廳常受此困擾。國際慣例認為，由於地面工作物設施的設置或保護、管理不善而造成他人損傷者，該工作物使用者有責任向受害者賠償損失。如果使用者可以證明自己已為防止傷害事故的發生採取了必要的措施，則此責任將要進一步追究到工作物的所有者。追究其無過失責任。

「工作物」

上述「工作物」的範圍設定的立足點，在於保護受害者。因工作物缺欠而導致的事故，如牆壁的倒塌，樓梯扶手折斷，電梯事故等。

關於佔有者與所有者的區別，已經在上面闡述過。這裡更要強調雙方務必恪盡職守，以及在預防事故發生方面的義務。

有關第一責任者的說法，可以參考以下判例：

一個人安排他人借宿在朋友家，牆壁倒塌致人傷害，這時，第一責任者為此安排借宿者，如可以確認他充分注意了保護措施，那麼，第一責任者便轉向其朋友（所有者），被害者可以向所有者直接提出賠償要求。

如果類似情況發生在飯店，那麼，飯店作為法人組織，將承擔此責任。此類事故可納入保險，特別是電梯事故等，以降低飯店方的責任風險。

設施問題處理要點

因工作物（設施）的欠缺而造成第三者的損傷（含財產損失、破壞），該設施的所有者或者相當於所有者地位的有關方面，無論自己有無直接過失，都必須負擔此部分損傷責任。

多數情況下，賠償者為飯店自身。

九、客人的不法行為

客人行為造成損失或傷害

除去由飯店方面引發的事故之外，客人自身的種種行為（包括不法行為），也可能造成飯店方面的損失或傷害第三者。我們稱此為「客人行為造成損失或傷害」。

盜竊（順手牽羊）現行犯

這是飯店中最常見的客人不法行為，如將客房中的睡衣、器物等順手牽羊地拿走等。這屬於盜竊罪性質。如為現行犯，可以當場解決，按刑事訴訟法解決即可。

這類現行犯，可以透過以下四點加以確認：

1. 被發現盜竊，並被作為犯罪嫌疑人追喊。

2. 攜帶贓物或持有可以證明被確認為犯罪工具的物品。

3. 身體或服裝上有明顯的犯罪證跡。

4. 被訊問時企圖逃走。

當然，這些不是定罪標準。飯店客人的不法行為多表現為第二點中的情形。此種狀況，一般可以透過語言溝通，要求其返還該類物品。如果客人拒絕，則可以採取自救行為（以自己的力量取回物品的行為），不過，這種行為容易引發暴力衝突，最好是通知飯店保安或員警協助處理。

對於現行犯，一經抓捕，必須迅速送交司法部門。

沒有證據時怎麼辦

以上是比較容易處理的盜竊事故。

而令人頭痛的是：目前沒有證據，物品又確實丟失了，店方既無權對每一位客人搜身，又不能報警，以免影響飯店的信用。

這種情況常發生在團隊客人接待過程中。

按慣例，此時的著眼點以就事論事為宜，依實際情況解決問題，而不深究於法律問題之中。

上策是透過領隊向受懷疑對象說明情況，以求在內部自行解決（飯店方面力求不介入）。如果不能解決，便要衡量失竊物品的價值與飯店信用之間的關係，如果有自信，可以報警，一般而言，這是下策。

第一，沒有明確的現行犯，警方無權實施逮捕和搜查。而疑犯不明，或失竊額不高，司法部門也不會下逮捕令或搜查令。警官可以在獲得懷疑對象允許的情況下搜身，但要承受很大壓力。

第二，警方不盡力行事，店方有上訴權利。但搜查機構人員出動往往需要較長時間，此間，沒人能保證犯人會將贓物繼續攜帶身上。而若搜不出贓物，則可能被反控飯店方面損害其名譽。

對客人盜竊的處理要點

客人拿走飯店、餐廳的物品這一事實非常明確時，可以作為現行犯抓獲，也可以在現場令其返還物品。對小件、小額物品，往往以後者為上策。

如果因此發生糾紛，則有必要通知保安人員或借助警方的力量。

因嬉鬧（或不合時宜的動作）發生損失或損傷時

客人因嬉鬧造成飯店方面物品損壞者，將視為侵害他人權利，責其賠償該部分損失。這是常理。

對於醉酒客人造成的破壞，也同樣不能免予追究。此時，客人強調被人灌醉等均不成為抗辯的理由。

總之，我們應把握這樣的原則：凡客人因其不合時宜的動作造成店方物品損傷，包括醉酒者在內，都將被追究賠償損失的責任。

吵架

飯店酒桌上吵架的現象常有發生。此過程中造成客人自己方面的傷害和衣裝破損，屬於自作自受，而若使飯店方面財產受損害，則必須賠償相應部分的損失。

在吵架者相互推卸責任或參與吵架人數較多時，不僅主要責任者要負擔賠償責任，其他隨從者、教唆者也將被視作共同行為者，共同擔負此責任。如10人造成1000元損失，則店方有權要求其支付1000元的賠償，若其中一人支付了1000元，則店方的債權自行消失。而交付該款項者，有權向其他人要求個人承擔的費用，一般原則是平均分額。

上例中，也可以在客人相互推脫責任的情況下，要求每人交付100元。當然，這裡所指的共同行為只是一般民法上的概念，至於刑事問題，則另有說法。

對吵架問題的處理要點

吵架，特別是群架，參與人數較多，由此而造成的店方人員、財產的損傷，店方有權要求行為者全體成員共同擔負賠償責任，即向每人要求金額的平均份額。

十、受害者的過失

事故發生的原因往往多種多樣，有時候，受害者（客人）一方也有過失。比如，交通事故的發生，很多情況下是出於受害者的疏忽或亂闖，另外，在有關失竊的責任糾紛中，也常發生爭執，如客人忘記鎖門出去了等，受害者有一定的過失責任。店方也可以據此減輕自己的責任。

比如，客人放在客房裡的西裝被竊。該西裝原價2000元，已穿用一年，按舊裝可折為1000元，而客人忘記鎖門也有責任，所以，又可將責任

與店方平分，於是，索賠金額便可確認為500元。這即所謂的「過失相抵」。

　　總的來說，即使是必須從業者方面負擔責任的事故，如果客人方面也有過失，即可以依此減少部分損失的賠償額。

十一、旅行社業

旅行社業的法律資格

　　一般旅行社都具有這樣的功能：作為中間人，為國內外旅遊者有償提供交通、住宿及其他與旅遊相關的設施的聯絡、預訂、保證服務。

　　這從一個側面決定了其作為「旅遊者代理人」的資格。故此，在法律上，我們說，旅行社業者在獲得報酬的前提下，展開下列活動：

　　1．站在旅遊者立場上，就接受交通和住宿服務事項，跟交通部門和飯店簽訂合約，充當媒介或代理人。

　　2．站在交通和住宿服務提供者的立場上，就上述服務專案的提供，同旅遊者締結合約，充當媒介、代理人。

　　3．利用他人經營的交通設施和住宿設施，向旅遊者提供交通或住宿服務。

　　總的來說，旅行社業者立足於客人與飯店之間，作為二者間建立住宿契約的中間人或代理者展開業務，主要以飯店方面的代理商面目面對客人，也有時作為客人一方的代理人，但較少。

代理人

　　旅行社的對客代理權通常由客人本人委託，並以適當的手續確定下來。這裡需要明確的問題有三點：

　　1．旅行社業者的代理行為是商業行為。

　　2．業者接受客人委託成為代理人，委託者（客人）必須向其支付相應的報酬。

　　3．簽署包價合約的行為，一般被認定為特定旅行社業者作為特定飯店

代理商的行為。這時，業者不可以再以客方代理人的身分與飯店締結住宿合約，即禁止雙重代理。這是一條重要的國際慣例準則。

飯店方面要注意，旅行社代理業務由於增加了一些中間環節而使客帳支付過程複雜化。旅行社方面可以客人尚未支付為理由，拖延向店方付帳的時間。

這裡應把握的要點在於：只有在旅行社業者接受了由客人授予的代理權時，他才可以作為客方代理人展開業務。但這時候，旅行社應向飯店支付的款項，為客人本人的債務。

中間人

中間人是指站在他人之間，作為商業行為的媒介，展開業務活動的人或者其所屬機構。故此，他本人並不等於行為的當事人。本來，旅行社業者的性質就在於「中間」之中。他連接起客人和飯店，並以收取手續費為目的。有時候，甚至僅僅是通一次電話而已。

這裡要再次明確，這種狀況下的旅行社業者不是與飯店簽訂合約的當事人。只要其中間人的身分不變，住宿合約的實質仍是客人與飯店之間的。費用支收也是二者之間的債權債務。即使發生客人事後不付帳的情況，飯店方面也不能要求旅行社業者代付。就是說，作為中間人的旅行社業者不發生代客支付的責任。

相反，客人即使已經向旅行社業者支付了費用，並不等於與飯店方面的債務已經結清。中間人報酬，一般由飯店方面負擔。所以，這裡應重點把握一條：

旅行社業者以電話等方式為飯店提供客源而不附加其他服務內容，即單純安排，該業者或業者方面的身分即屬於中間人（區別於代理人），住宿合約的當事人為客人和飯店，費用收支也是兩者之間的債權債務。

旅遊批發商

單純的代理和中間人行為遠不能滿足現代旅遊者及旅行社行業的需求。旅行社業者不僅作為代理或中間人，而且作為旅遊活動設計者和隨員，直接參與此間活動——組織旅遊團隊或承擔個人旅遊、團隊旅遊服務。

他們一面組織客源，全面安排旅遊活動，一面與飯店簽訂住宿合約，自

身即成為合約的當事人，無論對客人還是對飯店，自己都是權利義務的主體。在此條件下，業者的身分即可被稱為旅遊批發商。

不過，旅遊批發商又不同於一般行業的物品批發商。本來，我們稱以自己的名義為他人購買或出售物品提供服務的行業為批發業，而旅行社營業的對象決不同於物品，所以，必須在理解這一特殊批發概念的前提下，來理解旅遊批發商的定義。

旅遊批發商不同於中間人

旅遊批發商與中間人的本質差異，在於前者「以自己的名義」參與營業，自己成為合約的直接當事人即權利義務主體。不過，從飯店角度講，往往很少注意到這種差異，應引起重視。這種情況下，債權債務發生在飯店與旅行社業者之間，而不及其餘。

一般，我們可以透過以下幾種情形來確認旅行社業者是否具有旅遊批發商的性質：

1．由旅行社業者書面對飯店進行預訂並分配房間。

2．該次旅行不只停留在一家飯店，而全部日程均由旅行社業者同相關部門簽訂合約。

3．旅行社業者派隨員領隊。

4．旅行社業者不特別明確客人是誰。一旦發生客人逃帳，作為旅遊批發商的業者必須負擔此責任。

針對旅遊批發商的注意點

有一個問題要引起注意：發生火災或者其他災害，造成由旅遊批發商安排入住的客人生命財產的損失時，飯店方面將向旅行社業者負擔賠償責任，而不與客人發生直接責任關係。

從客人方面講，需要向旅行社業者要求賠償。

當然，這其中也有相當的不合理成分，很多國家都在制定專門應對於此事故的法規，以求從「第三者合約」角度解決這一問題。至於途中交通事故，由於缺乏權威而有效的規定，所以，一般均由加害者（交通部門）向被害者（客人）負擔此不法行為責任。

但不管怎樣，關於旅遊批發商的定義都要明確把握，即旅行社業者承擔組織客人旅遊活動的全項，親自組織團隊旅遊，即具備了旅遊批發商的資格，並因此成為飯店簽約的當事方。飯店可由此向旅行社業者要求費用，如預付款等。此外，還要明確，旅行社業者的營業，其實是由中間人簡單轉化而成的。

代理商

如果旅行社業者與飯店方面簽訂聯票合約，即業者從客人一方收取飯店住宿費，發行具有包價性質的票證，持此票(證據證券)者可以按合約入住飯店或短時休息，那麼，此種情況下，旅行社業者便是代理商。

代理商包括兩種，一種是代理簽署與交涉有關契約事宜者，為締約代理商；一種是僅代理介紹業務的，稱為中間代理商。

現實中，二者常常混為一體，很難明確劃分。

代理商的運作特點

作為代理商，旅行社業者依聯票合約方式為飯店輸送客源，這種行為，即等於飯店直接與該客人簽訂了住宿合約，並發生相關責任。即使旅行社業者與客人簽訂了不同於他與飯店簽訂的住宿合約，如跟飯店簽約時已定下100美元/間夜，但旅行社業者卻跟客人收取120美元/間夜時，飯店方面仍必須按合約價格（100美元/間夜），提供符合條件的住宿設施。當然，也可在其後據理向旅行社業者方面要求賠償損失。

不過，聯票不同於一般的有價證券，它不可以交易，具有人格特徵。它顯示出客人的姓名、民族、性別、年齡、人格等特定的內容，原則上限於本人使用，而非凡擁有此證券者便可以入住。

同時，它是證據證券，處理方式可參考前面有關內容。外國旅遊者所用的旅行支票，是在其已向銀行支入金額之後締結的一種合約形式，並反映於該證券之上的。

關注代理商

旅行社業者一經與特定的飯店簽訂了聯票合約，該旅行社業者即成為該飯店的代理商，旅行社業者的合約行為，均可視為飯店自身的合約行為，飯店必須承負由此發生的責任。

聯票的性質為免償證券。

十二、約款

旅行社業約款

該約款中包含著至少六點：

1．與旅行社業務相關的各項收費及其與旅遊者之間發生的費用收退關係約定。

2，提供住宿及其他旅遊服務時　必須向旅遊者提交的書面材料種類與表示權利、義務方面的約定。

3．有關解除合約的約定。

4．有關責任與免除責任的約定。

5．有關賠償損失的約定。

6．其他「未盡事宜」。

總之，旅行社業者必須將旅遊經費、手續費的收受及其他法定事項記入旅行社業約款之中，並在與客人交涉時當面提示。

飯店住宿約款

飯店住宿約款也同樣是讓客人看的。所以，必須保障其有效的展示，並在住宿合約發生過程中發揮直接或間接的作用。我們制定約款內容必須考慮如下問題：

1．在合約簽署過程中，客人能否很自由地讀到約款？

2．當客人看到約款內容之後再實施行為是否來得及？

3．從習慣上、道理上，能否保證約款的內容在客人沒有看到之前即可以獲得基本承諾？

旅行社約款，如《旅遊須知》等，可以在旅遊活動開始之前為客人所明確，飯店住宿的相關約款則一般要在客人到達飯店之後才為客人瞭解，如標注在《飯店服務指南》內，或張貼在客房等場所。

無論如何，飯店都有必要制定與自己飯店現狀相適應的待客約款，並要展示在店堂或客房內。不過，約款內容沒有法定，故此，往往不被認可為住宿合約的內容，只能作為飯店的管理措施發揮作用。

服務費

與飯店住宿、餐廳就餐相關合約的建立與履行，是租賃、借貸行為的一種。這類合約是以「承包」為基本內含的複合性合約。

當然，我們不必為合約類型所拘束，而要根據每個合約的實際情況，來探討其法律效用。

住宿、飲食費用之外加收一定量的服務費已成為國際慣例。在我國，通常為飯店食宿消費額的10%（三星飯店或以下）至15%（四星飯店或以上）。

關於服務費會計處理，在國外，一般是直接用於從業人員的薪資補貼；在我國則大都算作營業收入的一部分。不過，就其本質而言，仍是小費的變形，是小費制度普及化的一種表現。

那麼，我們該怎樣正確認識服務費呢？

首先，服務費應視為客人在住宿、飲食消費過程中向店方支付的營業費的一部分，即使一些飯店、餐廳將該項費用還原給從業者，也不改變以上的性質。

其次，是要明確，小費不同於上述的服務費。付小費是一種出於自願，或出於習慣的個人行為，是個人對個人表達酬謝、致意、滿意的支出，一般由客人直接交給從業人員，所以，小費既非業者的營業收入，也非從業人員的薪資。大部分飯店規定，從業人員可以接受小費，但索要或變相索要小費屬於違規。

十三、預訂失誤

理解契約

契約，所指的是對申請做出承諾並由此而成立的一種關係。飯店、餐廳的預訂是一種契約，不過，條件是客人已經交付預訂金。否則，只能是飯店

單方面的義務，而無法保障雙方契約義務的履行。這是我們必須明確的問題之一。換言之，客人違約也要負擔一定的責任。現在，很多人提出預訂不是簽約，而只是簽約之前的交涉，故此，不存在違約之說，其實不對。

所謂「對申請做出承諾」，是對話者雙方之間，即當事人雙方透過協商決定某一事，簽訂相應的契約。這只是一個證據問題，以防將來出現關於這種商談結果的爭議。

一般，當所簽的文字合約只是作為證據時，透過雙方商議，契約即告成立，這種契約叫做承諾契約，大部分契約屬於此類。而相反，必須在書面落實、文字表現的前提之下才可成立的契約，則是形式契約，如遺囑、結婚證明等。

隔地契約（預訂）

現代社會，通信技術高度發達，契約締結方式也日趨多樣化，就飯店業而言，契約形式至少可以歸納為三類：

1・散客契約（預訂）

相距較遠的兩地溝通，在從未謀面、素不相識、偶爾投宿的客人與飯店之間，必須在一方對其申請加以承諾並發出通知時，才能發揮效力。當一位客人打來電話或寄來一份訂房申請，而飯店方面沒有回電話、回信，則該契約不成立。客人到來後強調已經申請（預訂），飯店方面仍不發生相應的責任。

至於這對飯店聲譽、信用度的影響，另當別論。

2・常住客契約（預訂）

常住客是指飯店營業的經常性對象，他們常來住宿。在國際旅遊商法和慣例上，要求飯店方面「迅速對其申請給予答覆，發出允諾與否的通知；若延遲發出通知的時間，則可以視作默認」，發生相應效力。

3・旅行社業者契約（預訂）

對於旅行社業者的申請，處理方法也一樣。視當事者的現實行為的性質，判斷其是一次性的散客，還是長期性客源，並由此決定採取「散客對策」還是「常客對策」。

就總的原則而言，飯店的住宿契約應由預訂之時起開始成立。對於隔地客人申請不加回覆，在一般散客，可視為契約未成立，而在常客，則視作默許。透過旅行社介紹的客人，對策應據其現實行為所屬類型性質而定。

變更承諾

客人希望×月×日以200元入住，飯店方面答覆稱200元的客房已經售完，但有300元的，是否可以。這種情況即稱變更承諾。

首先，是拒絕了客人的申請，其次，是提出新的附加條件，再次向客人提出申請。這時，若客人認可，則契約成立，否則，即無契約可言。不過，作為提供服務的飯店方面仍要以服務精神為根本，因為任何生意都應考慮長線，而不是眼前利益。

美國等國家法律規定，回覆時若附帶「輕微」變更條件或附加條件，可以視為承諾。

要點：對客人的申請回以附加變更條件的承諾，並不表示契約已經成立，必須再度確認客人應諾與否。

雙向契約與單項契約

在住宿契約之中，客人為債權者，飯店為債務者；在履行契約之中，飯店方面則為債權者，客人方面為債務者。無論哪一方面發生「債務者不履行其債務，債權人都可以要求其賠償損失」。我們稱當事者雙方互為債權債務者的契約為雙向契約，大部分契約屬於此類；而一方只擁有債權，另一方只擁有債務者為單向契約，這種關係一般只發生在餽贈行為之中，很少。

失誤責任處理的三個基本方向

對於直接簽署合約的客人，由於業者方面失誤而造成忘訂、誤訂，致使客人到後無房等，便屬於上述不履行契約的行為。飯店方必須從以下三方面解決此問題：

1．提供本飯店內與預訂等級不相當的客房

這大體有兩類，一是比預訂房價低者，二是高者。如果客人認可並負擔不同的費用，問題自可解決。經濟等客房的房價可以再降低些，都是必要的處理手段。如果客人不認可呢？便可以嘗試下面提示的第二種與第三種方案。

如果房價高於預訂價時，比如預訂100元/間夜的客房，並獲OK認可，而所餘只有200元/間夜的空房，便可以將二者之間的100元的差價視為失誤責任的損失賠償。不過，如果只有500元/間夜以上的空房，差價懸殊過大時又當如何處理呢？本來，這種「損失」是很難加以具體合算的。屆時，有必要參考以下方案，比較後做出選擇。

2．介紹其他飯店

這也可以分出三種情況。一是介紹與所訂本飯店同等同額的客房，二是介紹低於本飯店價格者，三是取價格高者。前種情況下，客人並無實際損失，但由於未能入住所期望的飯店，自然使客人不快，所以，原訂飯店一方應予客人適當的補償。二、三種情況同於第一種方案的內容。而若客人對此不加承諾，便只有應用下一個選擇了。

3．到處均無空房，而必須返回原訂飯店時該怎麼辦

客人方面將產生往返交通及時間損失、誤工誤時損失、精神損失等。不過，這裡的「不履行債務」責任所強調的是「普通概念中的損失」，即由此而引起的直接損失費用，如此段交通費用等。況且，這種情況下除交通費外的具體金額核算，都是不大可能的。當事飯店應考慮酌情給予補償。

履約失誤處理要點

由於飯店方面的過失造成誤訂、忘訂，店方必須承認不履行債務的責任，然後，提供本飯店較高價格的客房，或介紹其他飯店，若均無著落，則要負擔較之客人尋找飯店往返的交通費用更多的金額。

總之，要賠償能夠普遍為客人接受的費用損失。

根據廣告來住宿的客人

依廣告而來，客房又恰好售完，飯店方面將擔負怎樣的責任和義務呢？

當然，首先要保證廣告的真實性。廣告失真情況大體有如下幾類：

1．本來沒有衛生間、淋浴間、空調，卻在廣告上打出，此屬於謊告設施。

2．客房本來只有300元/間夜以上的，卻在廣告打出200元/間夜，此屬於謊告房價。

3．本來房客只能容納500人卻說1000人，此屬於謊告規模。

一旦出現虛假廣告，飯店方面便必須承負「故意或因過失損害他人權利」的責任，並要賠償由此造成的損失，包括往返時間損失、費用等。

廣告允許適度誇張，如抽象的讚美，但不許可虛假。

不過，廣告不等於契約，而是對契約成立的一種引導手段。但如果廣告對象非常具體，並指明時間、事項、內容，那麼，面對這類客人，便不能以「廣告」為逃避責任的藉口。

認清廣告的實質

每一位業者都要清楚，廣告只是吸引客人前來建立住宿契約關係的一種手段。因此，飯店方面不擔負由此而來的客人的客房保障及其由此而發生的其他責任。廣告內容允許適度誇張，但不允許出現關於具體條件的虛假資訊。若出現後者情況，那麼，飯店方面將對因此而來的客人承負賠償相應損失的責任。

十四、拒絕住宿

無論在哪個國家裡，飯店都是以保障客人的生命、財產安全、衛生為前提的一種營業單位，除去特殊情況，一般不允許拒絕客人住宿。而「特殊情況」又可能因國家、民族的不同而有所差異。國際通用的「特殊情況」為：

1．已明確確認欲入住者患有傳染性疾病。

2．已明確確認欲入住者有賭博及其他違法行為或擾亂社會風紀的行為。

3．住宿設施確已沒有餘裕，或因其他地方政府有關條例方面的理由不能提供住房。

此外，諸如精神病患者、爛醉如泥並明顯地要對其他客人造成影響者，以及舉止、言論將影響其他客人者，也可以納入應予拒絕的類型中。

營業者方面要備有客人名簿，並要準確地記入住宿客人的姓名、性別、住址、職業等相關事項，當政府有關方面要求出示時，必須馬上提交。而就

客人方面而言，也必須以實相告，準確填寫相關專案。在我國，內賓要出示身分證或其他有效證件，外賓要出示護照或其他有效證件。

總之，除飯店客滿，客人有傳染病，有賭博、擾亂風紀等明顯行為傾向，或其他法定禁止入內的情形之外，飯店不得拒絕客人住宿。同時，對上述客人飯店應主動予以拒絕。

十五、客人取消預訂

新的債權與債務

如果預訂失誤出飯店方面造成，我們可以在追究債務責任時，明確雙方的地位、義務和相應的處理策略。那麼，如果過失出於客人一方又將如何處置呢？

比如，客人已經預訂，飯店回覆OK並準備了房間，但客人屆時既不聯繫又不到來，便屬於此類。一般而言，要追究客人作為債務者的遲滯責任，要求其支付一定比例的違約金。

以下就不同情況，進行討論。

在有特殊要約情況下取消預訂

客人隨意不履行債務的處理方法已然明確。這裡，又有關於賠償金額的細節，各國通行的法律對此表述都很抽象。首先，是在有「特殊要約」情況下，取消預訂的處理。

特殊要約，即在締結住宿合約時，雙方已就違約金事宜達成共識，並落實到協議合約之中。很多時候，旅遊代理商所發行的聯票背面，便以印刷體字列出包括違約金等各方面的要約內容。對於持此而來的客人，飯店方面便應視之為已經簽署違約協議，依章辦理。

違約內容及處理方法並無法定，通行方式是從客人第一日住宿費用中徵收違約金：當日取消，包括不加聯繫者，收取80%；前日取消者收取20%；團體客人二日前取消者，收取10%。這是大體標準。

誠然，以上情形的前提是客人已交訂金，也只有在此前提下，特殊要約的契約方可成立。

如果客人不持聯票，即只有在到達飯店之後才能知道有關要約內容，則屬於下種情況——無特殊要約。

此外，團體客人減員也可以遵照上述做法。這就要求我們必須明確旅行社業者與飯店、旅行社業者與客人、客人與飯店之間的關係層次，以在發生問題時迅速採取相應的措施。

在沒有特殊要約情況下取消預訂

在此情況下，處理原則通常按照「被普遍接受的損失額度」要求賠償。

預訂金中，除去稅金、服務費之外的部分，我們稱之為基本費用，即保證其住宿和飲食（部分）的費用。客人未到，造成所訂客房不能出售，自然影響營業成績，飲食方面也會出現浪費，因此，責其以全部費用的一部分作賠償，是可以「被普遍接受的」。具體額度比例，可以參用上述要約的處理方式，向客方提出要求。

這裡要注意的是，有關額度比例要約多由飯店單方面制定，自然要在最大限度上取有利於店方的傾向，所以，一旦與客人發生爭執並經法事部門裁判，也可能出現低於特殊要約限度以下賠償金額的結果。

因此，我們應把握一些基本原則，在此基礎上，靈活運作：

客人無故取消預訂，飯店方面有權徵收其違約金，若其使用聯票，即可視為已經簽訂合約，則可在退返預訂金時抽取違約金；若未確立特殊要約，而店方已經做好接待準備，則可以在實際處理中依特殊要約的規定額度，要求客人賠償由此造成的損失。

因特別理由而取消預訂

這裡的特別理由，包括兩類：

1．發生地震、颱風等「自然災害」，屬不可抗力。

2．飛機、鐵路或汽車發生事故等，屬不可抗力。

處於這種狀況之下，從債權債務關係角度而言，不是「債務者客人不履行其責任」，而是「無法履行」。概念不同，處理方法也不同。這一方面包括客人方面的取消，也包括飯店方面的取消，如發生火災、倒塌事故等，性質相同。

因此，我們要注意，因颱風、地震等天災，以及其他在正常判斷之下得以成立的特別理由，客人不能如期入住，則飯店方面不能要求其支付違約金。

契約規定期間空住的時間

這與上述情況又有不同，不是客人取消預訂，而是改變原契約約定的日數。那麼，對這期間空住的費用，應如何處理呢？

原則上，可以採取與上述「無特殊要約」一項相同的處理方法，追究其可「被普遍接受」的責任，具體賠償金額也可同上。但要注意，這前提是客人先行取消預訂並不住宿時，我們才能依其首日入住應付標準，計算出違約金額，如果客人在約定住宿期間未全部住滿，空出客房，又不知其何時歸來，怎麼辦？飯店方必須為其保留。此間的違約金，可以根據具體情況，如未加通告便空了客房的情形、通告之後空房以及完全空房、有物品寄存房間等，視具體個案處理：或收取全額入住費，或收相當日數的費用，或收全額的一部分。

要點：在飯店逗留期間，即使客人正式提出取消部分預訂日數（而非隨意空房），飯店方面也有權利要求客人支付全額或部分房費。

十六、支付的方法

飯店、餐廳的支付模式有別於一般貿易

在飯店、餐廳營業中，客人與業者之間即自然形成雙向契約關係。在這種關係之下，雙方均具有要求對方同時履行債權債務的抗辯權，即當一方未能履行債務時，另一方可以拒絕履行債務。一般貿易活動的買賣雙方的錢物交換，是其中的典型。

但在奉行「先消費後買單」慣例的飯店、餐廳，則略有不同，客人在這裡的支付，往往要在住宿或就餐行為完成之後（餐券式餐廳例外）才能發生，所以，我們必須從慣例角度，對此加以理解，並充分認識到這種情況下，嚴格地講，同時履行的抗辯權（利益）已經不存在。

預付

這是飯店業者方面最歡迎的，應儘量推行，但現實中很少被採用。

聯票（包價）

這在客人看來，也是預付形式的一種。不過，在餐廳很少見。因為聯票（包價）的本質不在於其作為支付手段，而在於締結完整契約本身。飯店業者應予高度重視。

現付

在臨走時支付，這是最普遍的付款形式。為防「逃帳」，飯店必須在「現金支付」之外的環節上做好文章。

支票或信用卡支付

支票可以代替現金，只要其有效，效果即同於現金支付。但支票不是通貨，所以，特殊情況下，亦可拒收，而要求客人以現金兌現。儘管如此，飯店或餐廳的櫃臺服務人員仍有必要掌握有關支票的基本知識，並注意以下四點：

1．支票兌現系統是否健全？即弄清所屬金融機構的信譽，票（卡）面是否正規，金額記數準確與否，支付人、印章準確與否，日期準確真實與否等等。

2．認定有關收取人的說明。是指定該飯店、餐廳為收取人，還是不加指定，即「認票不認人」的方式。雖然兩者均為有效票證，但在安全性上卻有區別。

3．最重要的，還是支票的實際資金兌付能力。如果對此有疑問，一定要透過相關銀行加以確認。關於標注日期的有效性，也要注意，我國一般以5日為期，國外多以10日為期，此期間均為有效期。但是，註明昨日日期的支票，也可能表示今日沒有資金。

4．有些支票的兌現只限於其固定對象，一般在安全上有保障。

後付

相當於一種賒帳的形式。對於常客、熟客或協定客戶，可以採取寄帳單要求支付，或押後支付的辦法；而對一般客人，則必須要求現付，如果客人不服從，甚至可以按有關拒付的規定，追究其現行責任。

總之，客人的支付方法可以多種多樣。飯店相關服務部門的從業者有必要把握有關知識，比如支票、信用卡的用法、政策等。同時，還要在飯店財務管理方面建立起相應的預警機制，把好這個關口。

十七、飯店對客的債務優先權

擁有優先權者，可以依法律規定，優先於其他債權者要求債務者以其財產支付抵當自己的債務。

比如，我們去修手錶，修錶工有權利在我們未付修理費之前拒絕將錶還回。這種權利，又稱民事抵押權。至於在商業上應用，範圍便更加廣泛而抽象了。

飯店的客人逃帳時，其所攜帶的物品便可以成為抵押品——這是慣常做法。但要注意，實際上，客人所未支付的是住宿、餐飲費用，其攜帶品並非「目的物」，本當「罪不及無辜之物」，所以，必須從概念上認識到，我們是透過抵押客人物品，並依法拍賣，由此部分收入償還其應付債務，即著眼點不在於客人物品自身。

然而，此過程中的手續一定要完善，包括拍賣時間的指定、公告、通知利害關係者、期限規定等。一般而言，飯店很少真的這樣做，而只是借此要求客人付帳，或在付帳之前為其保管，最嚴重者可以借助法律力量。

要點：飯店（不含餐廳）對客人的食宿費用支付擁有債權，當出現無理拒付或逃帳時，店方對客人攜帶品擁有優先佔有權，再依法律程式交由相關機構拍賣，優先要求從拍賣收入中償還債務。

十八、飯店對客權利的時效

時效，或稱有效期，包括兩種情形：其一，是行使權利，即透過形式佔有這一事實狀態的持續，獲得權利的有效期。其二，是因不行使權利的狀態持續而使權利解除的失效期。

飯店、餐廳所涉及的對象，一般發生在後部分。然而，既得利益者決不

會自動提出時效問題，這是常理，即失效期的對象多為債權者。由飯店、餐廳的住宿、就餐等活動引發出的商業性債權、債務關係，一般以5年為時效。而具體的房費、餐飲費等債權是由一時性行為產生的，所以，一般以1年為其失效時限。

為不使時效發生作用，必須中止之，這便要採用以下兩種方式：

1．透過口頭和書面文字催款催帳，則時效時間可以從發信日算起。

2．獲得對方的認可，透過此方法延長時效。

要點：飯店、餐廳對於住宿費、飲食費用的要求權時效，一般以客人離店後1年為期。業者有時還要考慮中止時效生效的方法，此中，獲得對方對欠款的書面認可是上策。

附錄 關於飯店事故法律訴訟的問題

飯店、餐廳的經營者、管理者、從業人員忙碌於營業活動，而無暇學習有關法律知識。同時，法律裁決部門也不瞭解飯店、餐廳經營的實情與特性，所以，出現了一些對判例的不同認識。

比如，公安人員以抓賭、掃黃為由突擊檢查客房的現象，飯店消毒設施與食品檢驗不落實現象，以及在相關判決中思路狹窄，不能以「理」服人的現象等，都基於這些。

希望讀者參考上述國際慣例及旅遊相關法律，對下列案例做出自己的判斷、分析。

案例1：置於飯店庭院內的自行車夜間被竊

1．經過

張某投宿飯店，將一輛自行車放在飯店庭院裡，當晚被竊。

2．爭議

張某認為，自行車已寄存給飯店，事件發生是由於飯店的設施不完備，即飯店方面的注意不夠，因此要求賠償。

飯店方面強調，自行車是客人自己隨意放置的，並非寄存，飯店的防範設施足夠完備，盜賊是破壞圍欄之後進入的，屬於不可抗力，並非自己疏忽所致，所以，沒有賠償責任。

3・判決

綜合現場檢驗及證人證詞，飯店在防範方面，已經做出了與其地位相當的設施充實，盜竊發生，出因於暴力破壞圍欄，屬於人為的不可抗力，故無賠償責任。

4・提示

爭議要點在於有無寄存。如果為前者，關鍵看飯店方面是否疏忽；如果為後者，便要明確是否為不可抗力。

上述判決的不可抗力，是否成立呢？

案例2：物品被同室客人盜走

1・經過

王某投住飯店後，出外辦事。此間，飯店櫃臺又在其房間內安排了另一位客人。當晚王某遭該客人扒竊。

2・爭議

王某以飯店方面疏忽，以致安排盜賊入室為理由，要求賠償，飯店方面則強調不知另一人為盜賊。

3・判決

飯店方面將其並不瞭解的客人安排與王某同室，致使王某遭竊已成事實。同時，店方行事又是在王某外出之際，強行為之，難以認定為出於善意，故難脫疏忽的責任。認可王某勝訴，由飯店方面予以賠償。

4・提示

如果確被認定疏忽過失成立，則店方將承擔賠償責任。但受害人對自己物品的整理、保管情況也要引起注意，此案例中客人也可能有過失。另外，若所失之物含錢物，則所適用的處理方法又當有所不同。

此外，即使有要求，如會議組織者或旅遊團安排等，也應儘可能不安排非熟人者同住，至少應徵求意見，或由會議、旅遊組織者提供排房單。

案例3：寄存在飯店的現金被客人朋友騙取

1・經過

客人李某投宿飯店，並將手提包寄存給櫃臺服務員趙小姐，只說內有現金，趙小姐隨即轉交寄存保管員存入保險箱。時值淡季，並無其他客人寄存物品，所以，也沒辦理寄存證。當天，李某的朋友來訪，次日早又來訪，並很快二人一同離店。中午，飯店趙小姐接到電話，對方稱自己是李某，因有事不能脫身，派朋友去取寄存物品，請屆時轉交。隨後，朋友出現，經過趙小姐從保管員手中取走手提包。李某回飯店後發覺被朋友騙取，宣稱內有50000元現金。

2．爭議

李某強調，趙小姐及保管員作為飯店員工，有義務從保護客人生命財產安全的角度，對店內所有情況依流程管理，尤其是本職工作。但他們沒能這樣做。李某借此要求飯店方面賠償其手提包中的50000元現金，以承負不法行為責任。

飯店方面則說，李某在寄存時並未明告金額數量，故此，不當負擔該項賠償，同時，又列舉了李某及其朋友同出共進等情況，認為因不法行為引起過失的說法不能成立。

3．判決

飯店方面對電話人未加確認等種種行為，明顯構成不法行為，又未能按規定製作寄存卡，在將手提包轉交保管員時也沒能說明內裝現金，以引起注意，採取相應措施，故此，要對此過失負責。

同時，李某也有一定過失。

最終判決飯店方面賠償5000元。

4．提示

高價物品寄存，必須說明其種類、價格等，否則，飯店將不負責此項損失。不過，客人往往習慣於不加說明，這也是常事。在本案中，儘管李某勝訴，但實際損失仍多由自己負擔。所以，只是名義上的勝訴，獲得的只是關於法律對飯店責任的一種肯定而已。

另外，李某與其朋友會不會合謀欺詐也是疑點。但這也提醒飯店方面務要以此為戒。如果當初客人明告內裝現金50000元的話，飯店是必須全額賠償的。

案例4：客人熟睡時，遭入室行竊

1．經過

兩位客人（夫婦）入住飯店，服務員引領到房並交付鑰匙，然後，他們外出吃飯，晚10：00左右客人回來，將西服掛進衣櫃，交替洗澡、看電視，11：00就寢。二人在睡前均已確認錢包在衣服口袋內，並在睡前檢查了門窗落鎖情況。早上起來時，發現錢包失竊。當晚，值班人員共6位，輪流巡視至深夜12：00，之後至早上6：00之間，在辦公室打麻將。其中一人（廚師）在2：00左右離開，自稱去休息室。次日，警方前來調查，發現應由服務人員持有的房間鑰匙中少了兩把，兩週後，在對廚師住處進行依法搜查時，發現一把。但依此定罪仍為證據不足。

2．爭議

客人要求飯店方面負擔使用者責任，賠償全部金額，另附加安慰費。飯店方面則堅持三點：其一，缺乏證明廚師行竊的證據；其二，客人住宿過程中的錢物損失，責任不應由店方負擔；其三，飯店方面已經在服務指南中明確告訴客人，貴重物品應存櫃，以此拒絕客人的要求。

3．判決

首先可以斷定，是「知情者」使用失竊的鑰匙（或複製品）入門行竊。是內部犯人，儘管可能不是廚師，但飯店方面對鑰匙管理上存在漏洞這一點無可置疑，由此也難以保障客人的生命財產安全。另外，在人事管理方面飯店也存在較大過失。還有，就是飯店服務指南中的說明，沒能引起客人的注意，客人也有責任。至於安慰費，在非「特別價值」、「特別狀況」下的一般損失中，不加考慮。

結果，要求飯店賠償客人原金額的80%。

4．提示

飯店用人、管理制度的嚴格實施，在保障其營業過程上經常發揮巨大作用，因此不可不慎。但很多時候，經營管理者並不能有效地注意到這些，只有發生了事故，才來亡羊補牢，應以此為戒。

案例5：飯店失火造成外賓攜帶品損失

1．經過

飯店改造，由B公司承包床具製作。這日午後，B的工作人員在置有床墊充填物的地下室丟煙頭失火，造成全樓燒燬的大事故。其中包括4位外出辦事的美國客人的若干件高價物品毀失。

2．爭議

客人認為，第一，飯店方疏於施工管理、防火措施不健全、在易燃品室內丟煙頭等，無一不是重大過失，故此，店方必須負責賠償高價物品的損失。第二，高價物品之外的一般物品，也要依法賠償，總金額為64000美元。

飯店方面則強調，其一，飯店防火措施已經過公安消防部門檢查認可。其二，床墊充填物（木棉）並非易燃物品。其三，B公司的人不是飯店工作人員，所以，責任不在飯店。其四，B公司工作人員使用地下室之事，飯店方面不知情。

3．判決

駁回客人關於飯店「疏忽」與「重大過失」責任的說法。雖然飯店方面不知B公司工作人員在地下室工作一事，有自己的過失，但與火災無因果關係。至於用人管理疏忽之理也不成立。因此，以店方必須負擔重大過失責任為前提的起訴，不能成立。

4．提示

這裡涉及了高價物品賠償問題、使用者責任問題等。關於「使用者」的概念一定要明確，其所指不僅是單純的擁有合約關係的工作人員，而是事實上從事屬於其業務範圍內工作的所有人。

另外，所謂「因果關係」的種類很多，如直接因果關係、間接因果關係、相當因果關係等。

案例6：飯店客人就寢中因煤氣洩漏致死

1．經過

某公務員入住帶廚房的客房，由服務員提供相應的餐食、開夜床服務後便睡去。次日，該服務員前來整理房間，發現燒烤間的煤氣管脫落，煤氣外洩，忙關上總閥門，加以處理。此時，客人已經死在床上。

2 · 爭議

客人家屬方面強調，其一，飯店總煤氣閥晝夜不關。其二，客房用煤氣膠管處於拉直狀態，極易脫落。其三，煤氣膠管與管道接合處處理不完備。此三原因終致客人中毒而死。飯店方面堅持，根據服務員的證詞，他們在離開客房之前，已經檢查了煤氣總閥的關閉情況，所以，總閥門的開放，只能是客人在其後自己所為。

3 · 判決

服務員對員警的證言與對法庭的證言之間有很多相互矛盾之處，可以斷定，對是否完全關閉總閥，服務員有隱情未如實講出。其次，由於客人喝過啤酒，故此，煤氣管脫落也可能由其後來自己使用未留意，或者不小心碰斷開的。但客人自殺的可能性被基本排除。

最後核實，服務員並未檢查總閥門的關閉情況，因此，飯店方面有不可推卸的疏忽責任，必須負擔原告（其妻子及孩子二人）所要求的賠償。該損失額的計算如下：

該客人月收入460元。

該客人一家年生活費——根據該市平均水準，收入支出的平均比例為：3600（支出）/4800（收入）=0.75，由此而推，客人的收入可以認定在460×0.75的標準上，即345元。

該客人的生活費用，自己與妻子、兒子（二人）之比為100：80：90：90，故該客人的年純收入={460元-［345×100÷（100+80+90×2）］}×12，餘數為4370.4元。

該客人現年45歲，按平均壽命，可餘27.87年，其勞動時間按18年計算，運用霍夫曼公式計算，得出係數為12.603。就是說，該客人今後將得到的利益是4370.4×12.603，結論是55080.15元。

加上喪葬支出4000元。

另根據過失相抵的法律準則，客人的過失為七，服務員的過失為三，則至少要賠償上述金額的30%，以及相當的安慰費用。

4 · 提示

以上案例運用的是民事調查。原案材料達30000字之多。這裡要強調的是關於賠償損失額度的計算方法。由死亡者收入算起，運用霍夫曼計算法。另外，在很多國家的繼承法中，都要求對所賠償費用加以具體劃分，參考比例是妻子得三分之一，孩子得三分之二。

案例7：餐廳就餐客人因吃河豚中毒致死

1．經過

某餐廳經營者是經國家考試認定的一級廚師。他購得鮮河豚，並破腹清洗，將骨、皮、肉、肝分別裝入食品袋，餘下部分丟掉，又將肝加鹽搓揉30分鐘，浸入水中，均置入冷庫。隔日，四位客人點要河豚火鍋。吃時，廚師曾告誡客人，河豚肝要注意大家分開來吃，不要一個人吃得太多。結果，其中一位客人吃的量稍大了一些，回家後發生中毒症狀死亡。另三位則毫無症狀。

該客人一方以工作瀆職致死罪向法院起訴。

2．判決

瀆職（業務過失）致死罪成立的基本條件，便是在具體事項上，一般人都可以對其結果加以預測，而實際上卻沒有採取任何措施的情形。

在本案中，由於這樣幾點：第一，當地人吃河豚（包括河豚肝）已為習慣。第二，河豚毒性較小，並可透過充分清洗消毒。第三，當地有關部門沒有制定有關河豚食用的法律規定。第四，衛生部門也從未加以干預指導。第五，當地至今曾發生河豚中毒事件五次，一人死亡，但被認定為特別體質所致。第六，本餐廳出售同樣菜食已達七年之久，從未發生過中毒事件。

最後，法院參考該廚師的料理過程，判定無罪。

3．提示

本案其實是刑事案件。故此，已非我們的一般溝通所能解決。通常，是要按瀆職罪加以處理的。本判決則強調河豚中毒之事不存在客觀預見的可能性，從而否認了其過失。不過，過失責任包括兩種，如上是刑事過失責任，第二是民事過失責任，二者的判斷角度不同，雖然一致處不少，但仍要考慮到處置方法上的差異。前者強調刑事責任，或處以拘禁、罰款等，後者強調民事責任，包括損失賠償、後事處理等。

案例8：飯店服務員攜帶客人現金出逃

1．經過

某客人住在飯店很久了，因手頭現金將盡便要求公司寄錢來，錢寄到後，客人便委託了飯店方面代取。結果，受飯店方面派遣的服務員取到現金後即離家出走了。後被逮捕，但錢已花光。

2．爭議

客人認為客人與飯店之間的住宿合約中包括很多內容，其中之一，就是代處理郵件物品、匯款等。據此，飯店方面必須賠償此損失。飯店方面則強調，客人所託付的服務員並非負責人，故此，此項委託不在飯店營業範圍內。

3．判決

一審判決，宣告客方起訴不成立。客人上訴。

二審判決，認可現代飯店服務的多元化、多向性，包括取匯款在內，都成為營業內容的一部分，故此，駁回原判重審。

4．提示

這裡的要點有兩個，一是關於此項業務是否在營業範圍之中，二是關於受委託人的性質及其飯店的等級。

有必要進一步探討。

案例9：飯店部門主管攜客人寄存款出逃

1．經過

楊某將裝有15000元現金提包交服務臺主管保管。主管攜款出逃，後被捕，追回12000元。

2．爭論

楊某認為此案出因於飯店業務執行中的不法行為，所以，店方要賠償所餘3000元的損失。飯店方面則認為，楊某所持的現金並非客人本人所有，而是他人的，此外，服務臺主管並非當值正職管理者，故此，沒有代存保管大筆現金的許可權。由此而論，客人方面存在相當的過失。加之未明告所存

物品的種類和價額，不應由飯店方面負擔賠償責任。

3．判決

無論現金是否為楊某的，楊某必須承擔對此金額應負擔的責任。作為借款，必須清還。因此，飯店主管所為是侵害客人現金佔有權的行為，客人有權要求其賠償此部分損失。

主管作為飯店成員之一，無論其有無資格接受保管此現金，在上述行為中，仍為飯店代表，並在其業務範圍內，所以，飯店要承負相應的賠償責任。

但鑒於楊某未能準確斷定對方的資格而輕率寄存，也有過失，故飯店賠償金額為2500元。

關於客方沒有申明所存物品種類、價額等項，按商業法規，應不予負責。但從飯店對委託寄存的義務履行角度上看，則無法擺脫相應的責任。

4．提示

這裡要思考四點：第一，飯店要承負責任的，是僅限受害者所有金錢，還是包括受害者接受的別人委託的金錢？第二，主管接受委託保管客人現金，是否為飯店業務行為？第三，客人將現金託付給主管，有多大責任？第四，關於現金失竊和一般物品失竊的一般法規是怎樣的？

案例10：因付帳發生爭議，客人遭毆打

1．經過

林某和朋友去酒吧飲酒，不知該酒吧主人已換，仍按原來月末總結帳的協議，未付款離店，遭致服務員的毆打。林某臉及下顎重傷，住院40天，養病兩月，仍殘留咀嚼困難、發音不清、牙齒脫落等後遺症。

2．爭議

林某要求酒吧方面賠償此部分損失。酒吧方面則認為，此系服務員所為，並不能歸因於酒吧所為，服務員並不是在接受酒吧方面指令、委任或因業務需要而實施的，故此，責任不應由酒吧擔負。

再者，本地公安部門規定，酒吧營業時間到晚11：00，此時已是後半夜1：00，為非營業時間。

3．判決

本案所涉加害行為為酒吧方面的服務員故意所致，並且是為執行酒吧業務所為，酒吧方面必須賠償損失。

4．提示

此案關鍵在於服務員的行為是否能夠作為「酒吧服務員責任」加以追究。本案的判決中，可能有一部分是出於情緒的義憤。

案例11：客人醉酒，由二樓餐廳墜落致死

1．經過

某大學大學生畢業前夕舉行告別餐會，使用飯店二樓餐廳。一位學生醉酒，由落地窗摔下，造成腦挫傷、頭蓋骨骨折，次日死亡。

2．爭議

學生家長要求該餐廳經理賠償15萬損失費。餐廳經理強調，落地窗是學生們自己動手打開的，餐廳經理曾告誡學生，不要坐到窗臺上。故此，此案因由在於醉酒的學生，餐廳方面沒有責任。

3．判決

一般餐廳都要向宴會客人提供啤酒、白酒等酒精飲品，所以，客人飲酒及其可能發生的反應，自然要成為餐廳管理的內容之一。店方要充分注意到防止險情的設施設備的完備。

本案所涉的落地窗，窗臺防護欄由地板而上只有36cm的高度，而外面直接能看到水泥路面，故此，具有危險性，有必要加設安全設施，如提高防護欄的高度等。就是說，該餐廳在設施上有缺欠。

不過因冬季，窗戶自然要封閉，同時店方也曾告誡過學生，所以說，餐廳在險情管理上，沒有過失。但因為是宴會廳，溫度較高，氣氛熱烈，所以，店方應考慮到學生開窗的可能性。

鑒於餐廳方面在建築安全性上的缺欠，承負本案損失賠償責任在所難免。但這裡又要分兩部分考慮，餐廳是屬於飯店的，設施設備設置上的失誤責任不能由餐廳管理者來承負，同時，即使本事故構成不法行為，餐廳方面也不必獨立承負安全作業義務上的責任。餐廳經理只對建築物的此一部分擁

有使用權而已。所以，飯店必須對此負責。此外，學生當事人也有過失。過失相抵，各為二分之一，故賠償額外負擔也要以二分之一計，認定為8萬元（含安慰費），由飯店方面支付。對餐廳則免予追究。

4．提示

建築物的所有者、使用者或既是所有者又是使用者三種情形之下，承負的責任有所不同。這裡的核心點在於肯定了客人醉酒墜落致死中的業者的責任。這對各種服務經營者都是一個警示：必須強化保護受害者的意識。

這應是一個必然傾向。

案例12：飯店二層窗戶沒設安全欄，小孩跌落受傷

1．經過

入住某飯店夫婦的四歲小孩在二層大廳玩耍，由窗口跌落7.4m下的地面受傷。該窗的下部只有高40cm的窗臺。

2．判決

屬於工作物缺欠，認定飯店方面的賠償責任。同時，雙親照看不周，也有責任，過失相抵。

案例13：高爾夫練習場上擊球致傷事件

1．經過

在高爾夫練習場上做投球的甲，被鄰位在打壘位置上練習揮杆的乙出桿擊中受傷。二者的間隔為2.3m。原設計為5打的習位，每打間隔2.76m，後改為6打的席位。

2．判決

工作物缺欠，該高爾夫球練習場的經營者有賠償責任。但受傷者也有疏忽過失，過失相抵。

案例14：由遊泳池跳臺入水受傷

1．經過

客人劉某在飯店遊泳池跳臺上，以近90°的角度紮入池中，頭部觸底，造成重傷，以致下半身失去能力。

2·爭議

客方認為，設施本身有缺欠，同時，遊泳池管理不善，由此而致事故發生。其一，水深不足1m，卻設置跳臺。其二，不設任何說明、禁止的標誌。店方則認為，水深1m，跳臺高水面0.35m，符合國際通用安全規定，故無缺欠可言。當日也曾立下「跳水危險」的標誌，並有服務人員提醒客人注意。因此，事故是由垂直紮下的客人自己造成的。

3·判決

認定設施本身的合理性和安全性，故責任由客方自負。

另，店方及遊泳池管理者也對遊泳者給予了充分注意。但「垂直入水」這種姿勢，純屬特別情況，為出乎常人意料之外。

4·提示

設施缺欠為物的、靜止的，管理不善為人的、運動的。這兩點必須明確。就是說，不能將「保管」與「管理」相混淆。對設施缺欠加以修整，並不等於管理好。雙方的直接責任者不同。

案例15：客人拒付未住房期間的房費與服務費

1·經過

客人吳某住進飯店，因業務關係，自3月6日到6月27日之間，有30天沒有在飯店住，因此，拒付此30天的房費、服務費。飯店方面依此，並根據財產處理優先權利慣例，拍賣了其在飯店的存留物品，以此抵債，同時，進一步要求其支付不足部分。

2·爭議

飯店方面提出：第一，吳某在空房期間仍將個人物留存在房內，同時，未向店方申明離店事宜。第二，飯店收費包括獨立的兩部分，即房費、飲食費和服務費。服務費也是客人的債務。因為該項費用不是指使用者個人應對於個人服務的小費，而是飯店向客人提供服務的對等價格。

3·判決

吳某必須承擔此間房費，同時，也是根據契約關係所定，交付服務費，而不論服務費性質怎樣。

4．提示

該判決涉及三項法律問題。一是契約實施期間，客人實際並沒利用飯店設施的情況處理；二是服務費能否被認定為飯店對客人的債權；三是飯店關於客人留存物品的優先處理權。

案例16：旅行社業者貪汙客人所支付的住宿費，飯店向客人二次收費

1．經過

某旅行社組織一系列團，總人數達2000人，分20批旅遊，均入住某飯店，但旅行社方面卻貪汙了客人支付的住宿費，只將其中一半交給店方，並隨後宣布倒閉，董事長自殺身亡。

2．爭議

飯店方面要求旅遊團客人支付另一半費用，旅遊團客人聲明已全額付給旅行社，故不存在債務之爭。

3．判決（1）

一審判決認為，旅行社業者所涉契約合約的締結，其自身只作為接受服務的旅遊客人一方的代理人，而實際債務效力將涉及接受服務的客人本人。所以，該案中，旅遊團客人本應成為契約的當事人，責其支付所餘款項。

4．提示（1）

旅行社僅僅是客方的代理人嗎？第一，如果旅行社僅僅如此，那麼，便不應存在交易，就是說，旅行社業者的行為不是商業行為，旅行社業者也非商人。第二，旅行社業者的手續費由飯店方面支付。如果他們是客方的代理人，則該費用必須由客人方面支付。第三，如果旅行社業者與飯店方面締結的是聯票合約，那麼，其即成為飯店代理商，便不能再充當客方代理人。本案的要點在於旅行社承包了該團體的全部旅遊活動，所以，飯店指控的對象應為旅行社。

5．判決（2）

終審判決：推翻一審判決，駁回飯店方面的起訴。

6．提示（2）

首先，就本次旅遊而言，客方與旅行社方面已簽有承包契約，並在此基

礎上展開全面業務活動，故此，飯店的契約對象不是客人，而是旅行社。至於「承包」和「中間」之分，在於前者是契約合約的內在形式，「中間」是其外部形式，二者並不相斥。旅行社業的存在意義尤在於前者。

其次，是有關承包與報酬之間關係的問題。這裡有兩個概念要明確，一個是法律上的報酬，一個是經濟上的報酬。前者所指的是「客人支付的全部費用」，後者則指旅行社業者將這些費用大部分用於旅遊交通、住宿等之後，手中餘存的「手續費」。

末章　危機必然來臨，所以……

——《易經》六十四卦序對危機服務的啟示

《易經》六十四卦序給我們一些很好的啟示。眾所周知，《易經》是我國最古老的經典，也是先賢們大智慧的結晶。六十四卦道盡天理人道，不失為一部在大系統中處理危機的好教材。其順序排列，既有宏觀的視野、系統的思維，又有辯證的邏輯，值得每個飯店人用心研讀。當然，這不是因為它發明了什麼，而是因為它有所發現。飯店運作的現實、服務與管理的「危機」及其與之相應的「危機服務」，盡在其中矣！

把「杯水」倒進「江湖」裡

飯店的危機及相應的危機服務，無一不是大事，並且，它們自成體系。但如果我們因此而認為這個體系具有完全的「獨立性格」，那麼，結果將是負面的，就如你說飯店某一部門的作用大於另一個部門會引發經營運作思想的混亂一樣。眉毛、頭髮跟眼睛、鼻子相比哪個重要？似乎後者重要，其實一樣。或許你會說，沒有眼睛、鼻子人會死，但我強調，沒有眉毛、頭髮，可能帶來終生煩惱，甚至讓你生不如死。

如此說來，飯店服務的整體，就相當於奔流不息、險象環生、百溪歸流的一條大江、一個大湖，飯店危機與危機服務，則是一杯水。一杯水或能救命，但只能救一次或幾次。因此，只有把它放進大江、大湖裡，才有永續的生命，才能發揮保駕護航的作用。

那麼，怎樣描述這「江湖」與「杯水」呢？

《易經》六十四卦序：一部服務與危機服務關係的系統指南

《易經》前三十卦稱上經，主要揭示事業成長跟經營者、管理者（危機處理者）的關係。很多提示不僅值得借鑑，更有必要時時謹記。兢兢業業地做事，變中求靜，靜中求變。只要你認真揣摩，肯定會受益。積極、向上，在哪裡摔倒就在哪裡爬起來是其核心。

三十一卦起被稱作下經，著眼點在危機處理者、經營者自身，是人生經，又是人倫經，是每個人成長路徑的辯證指南。

任何事業的經營、管理，歸根到底都是以人為本的活動！不僅是本，甚至可以說是全部，尤其在飯店服務業。反過來說，人的成長路徑，自然也就是事業成長的路徑。

現在，我們將「杯水」倒進「江湖」裡。

「乾坤」觀：危機服務的基礎觀

《易經》第一卦「乾」為天，第二卦「坤」為地，有天地，然後萬物生，天地之間為萬物所充盈。這是一個大視野，所講的是每個飯店人及每家飯店都有其生存發展的機會和條件。

天地給人的機會是均等的，關鍵是要有做好的信心。

執著最重要，但動機純正更重要。不執著或動機不純，可能就沒有圓滿的結果了。要切切實實地將自己的能力投入到行動之中。就是我們平時常說的：要有想法，更要有辦法。

這是關於飯店市場與經營觀的總卦，是個積極的卦象。

英美兩國鞋商為開發非洲某地的鞋業市場，各派一調查研究員赴現場考察。兩人到達目的地後，發現當地人都赤足。於是，分別向本部發回了傳真。英國人道：「非洲無鞋業市場，此地人赤足成習。」美國人道：「非洲鞋業市場前景無量，現尚無人穿鞋。」心態不同，市場觀不同，卦象結果顯見。大慶鐵人王進喜曾說：「有條件要上，沒有條件，創造條件也要上。」創造條件，就是積極尋找支援，找能源，追求陽光。

發揮主觀能動性，是乾坤二卦給人的最核心啟迪。上至飯店業主、總經理、部門經理，下至普通員工，都可以由此卦象中獲益。信心、市場調研、工作計畫、服務意識等等都是這種積極性的科學化結果。總之，此卦提示你，你所希望的一切都有成功的可能。

只要找準方向，堅持，堅持，再堅持，一準能成。這是任何危機服務的基本觀。

初出茅廬

第三卦的「屯」字的形像是一根草，下邊結出根須，上邊萌芽初現，表示萬物或事業開始生長。飯店破土動工或開始籌備，你剛剛入飯店辦理勞動手續或剛剛晉升為經理，都適合於這一卦象，意為「物之始生」。

天地生機醞釀於寒冬，草木萌芽起始於冰雪，但卻生機蓬勃。不過，也充滿艱難，因為剛「萌芽」，非常脆弱，所以，不可輕舉妄動。

第四卦是「蒙」。種子落地剛發芽為蒙，意為事物尚處於幼稚的、啟蒙的階段。

幼稚階段要怎樣？要養育。市場剛剛開發出來，客源剛剛明確或你剛剛接受一項工作，都必須經過養育的過程。心浮氣躁，要一口吃成個胖子，不死也病。比如，客源還沒穩定就要漲價，就要揮刀斬客，行銷必敗。又如，讓你當經理，又說只給你一個月的試用期，營業搞不好（營業額不達標）就免職，顯然不正常，因為失了養育之道。沒有誰能保證在一個月內改變一個市場。

所以，這一卦要求我們在純正的動機和科學的方法前提下，進行系統的、持續的工作，持之以恆仍最重要。如何養育呢？且看下卦。

循序漸進

第五卦「需」。需者，飲食之道。

跟養育嬰兒一樣，先要吃飽，再求吃好，身體弱了，求食補，病了，求藥補，養精蓄銳。這裡的學問就大了。當然，首先弄清需要什麼。客人需要什麼，員工需要什麼，公司硬體哪裡必須完善，或軟體工程要怎樣建設才能滿足市場等級要求等等，無一不在考慮之中。弄清這些，然後對症下藥，量體裁衣，循序漸進，步步為營。故，此為基礎建設之卦。它一邊有物之剛健的基礎，一邊又面臨險阻。所以，不可貿貿然。

要養，要等待時機，所謂磨刀不誤砍柴工，百忍成金，是也。

進入角色的危機

第六卦「訟」。訟，就是鬥爭、爭吵，打官司。

開業，生存下來了或為了生存得更好，就得努力爭取更多的陽光、養分。比如，獲取了50%的市場份額，還要得到60%的。怎麼辦？就得爭。職位的升降、薪資獎金的多少、部門之間的平衡、同事之間或上下級之間的摩擦等，都發生在此階段。

這一卦象顯示，你所面臨的，既有上進的基礎和機會，又有陰謀和陷阱的阻礙。

自以為是，逞強好勝，往往會蒙羞，招致傷害。所以，應注意自省，把握中庸之道，以至中至正為為人處世的根本。總之，自然才好。若一味爭訟，即使可得一時之利，也不會長久。

不過，有些事，是不以個人的意志為轉移的，無論你爭訟與否，物以類聚，人以群分，不同的用心終會在各方面作用於人際關係，於是，必然形成營壘，形成派系，管理學上所說的「非規範組織」，便是指這類。「統一戰線」思想也由此而出。所以，要懂得建立「人脈」、「市脈」。

危機服務之勢

第七卦「師」。師就是群體，就是眾人。

管理、組織系統的建設，管理者（危機處理者）個人能力的發揮，在這個階段顯得至關重要。公司何以興？就在於能否在此時形成群體精神、團隊意識，即處理好「出師攘外」之前的內部問題。關鍵在於形成企業文化的向心性、一致性、積極性。

一位日本人和一位法國人進山打獵，沒找到獵物，就脫下鞋，在山間小溪裡納涼。忽然，遠處豹吼，見一隻豹朝他們跑來。法國人拔腿就跑，日本人則穿上鞋子再跑。他們都脫離了險境。事後，法國人問日本人：「在那麼危急的情況下，你為什麼還要穿鞋？」日本人答道：「我們的目標不一樣，你的目標是豹，我的目標是你，只要超過你，就會脫險，因為豹吃了一個人就足夠了。」這是思維取向的問題，是目標定位的問題。

師卦的含義，就是要求我們獲得組織層面的成功，並借此結成統一對外的鐵壁銅牆。至少也要在觀念、意識上，實現這個目標。所以，有兩點很重要：一是紀律嚴明，辦法科學，不可剛愎自用；二是安全為重，統一指揮，協調調度，不能重用小人。即使小人有了功勞，也不能讓他們握有大權。以上由第一卦之乾至第七卦之師，揭示了由創業期到發展期的過渡狀況，特徵是大動大亂。

不過，當你經受了這場考驗，事業就將進入繁榮期，反過來，就會歸於失敗，只好另起爐竈了。換言之，第七卦師獲成功，就進入第八卦「比」。

比，就是一個人在前邊走，另一個人在後邊跟，標誌著統一戰線已經建立，團體意識已經形成。集體的力量是無窮的，眾人拾柴火焰高。

當然，比，又有比較的意思。雖然大勢所趨，大局已定，但並不能保證內部沒有分歧，辯證地說，分歧的存在是必然的，所以有鬥爭中求團結之說。總的說，要在這一階段體現出互相輔助的原則，以人為本，以誠為根，積極主動。同時，動機必須純正，擇善固執，遠惡親善，寬宏無私，包容而不強求，一貫始終。

守成的態度

這樣的結果，才有第九卦「小畜」。

小畜，指生活或基本建設方面有了一定的積蓄、積累。比如，最起碼的肚子(吃飯)問題可以解決了，工作取得了一定的進展。但成長過程中，有時候還會因為力量不足而不得不停滯。不過，這不是退步而是喘口氣，積蓄新的力氣。所以，要對這一步有信心，一本初衷，全力以赴地做事。

這一階段切忌貪得無厭，要適可而止。如老子所謂「滿招損，謙受益」。

這算得上是一個好卦──大家的事情大家做，有所成就也是必然的。

可問題又來了：如何守成？如何持續發展？

我們進入第十卦「履」。履是鞋子，或作行、走路講，所以是關於禮的約束之卦。

物質文明取得成就之後，精神文明當然要跟上，所謂「倉廩實而知禮節，衣食足而知榮辱」，若無法跟上，就充滿危機了。

這是個實踐的卦，事非經過不知難，要具體地實施，才會有收穫。

經營模式、管理方法、督導觀念、行為準則的系統都是在此基礎之上建立起來的。星級標準的導入也適於此階段。這些都是為了發揮禮的約束作用。

同時，它又涉及到人性假設。管理學的原理被發現，起於對私心的研究，經濟學則源於對有限物質的佔有慾的研究。最終，這一卦指導人們走規範、合轍的道路。企業管理標準化、規範化、操作程式化都屬此卦，反不正當競爭、多勞多得等原則也須賴此得以維護。

高素質人才、高知識水準應該在此階段發揮作用。這裡的要點，是小心

翼翼，堅定信念，以柔克剛，不可一意孤行。要甘於寂寞，量力守分，不逞強冒進。

泰極否來之下的危機服務

前邊的事情都做圓滿了，會出現第十一卦的景象——泰。泰是安定的結果，是太平，是舒服，是順利，也是自由平等。

生意走向高峰期，營業額不薄，員工收入也好，社會效應不錯；或者是你升任經理之後，路子走得很順；或是一項政策的推出達到了預期效果；或是某一專案的投資獲得了較好的回報，都在此卦裡邊。王道坦坦，暢通無阻。

至此，我們走出了創業的艱難。

但不要高興得太早，創業艱難，守成更不容易。所以，這一階段的要點更在於如何從安定中求得進步，以攻為守。市場行銷學上講，每一年中，飯店都會失去20%左右的客戶，換言之，每年至少要發展20%以上的客戶，才能有新的建樹。另外，我們還可能在這一階段遇到衰落的威脅。其實這也是必然。如果我們能夠預知，那麼，或為避免走下坡路而積極行動，或因勢利導以減輕損失。此時要注意：逞強則加速死亡，是謂物極必反。

人無千日好，花無百日紅，事業不可能永遠通泰。

所以，最好的景象之後，往往是第十二卦「否」。

否極泰來，泰極否來，道理一樣，要特別小心。

一位朋友要去接任一家業績非常好的公司總經理位子，我勸他小心，事情不好做，因為那裡好到了頂點，再努力也難在短期內有大開拓。相反，當另一位朋友為即將接任一家出租率不足20%的飯店總經理位子而苦惱時，我勸他樂觀一些：否極泰來。按目前市場看，20%已是最低點了，只要做到21%就有成績。企業經營者都得有這樣的心計，做事如此，做人也一樣。

這個時期，應先求鞏固團結，弘揚正氣，把握好自己的立場。同時知道，勢為必然，人力難以挽回，坦然承受，以求自保，避免無謂的犧牲。這時該抓人的問題。交朋友，找能人，組合志同道合、有效運作的人事團隊，丟掉包袱，從零點做起。

收復失地

這就到了第十三卦「同人」。

有了同人，就有了信心。人不會永遠倒楣的！要堅信這點。經營飯店也好，別的什麼事業也好，有起伏是正常的。這是市場的規律。「與人同者，物必歸之」，令邪惡屈服，果敢排除障礙，犧牲小我，完成大我，先苦而後甜。這裡要忌諱兩點：一是同流合汙，二是自命清高。

只要用人得當，把握得體，事業就會進入第十四卦「大有」。

「與人同」，是在考慮人人為我的同時，關注我為人人，在要求別人給你什麼之前，先考慮你能給別人什麼，以誠心溝通上下，以信譽確保秩序，以善意與人和同。這是一種經營者、管理者（危機處理者）應有的大胸襟。它將是公平、公正精神的體現，也應是廉明內斂的體現。

如此，就有了朋友，有了支持者、擁護者，有了很多好的因素。是謂大有。

飯店經營，事業運作，歸根結蒂，是做人的問題，包括你的員工，你的顧客。

所以，人總是第一要素。

永恆的利益

接下來是第十五卦「謙」。謙，謙虛，謙讓，講究平等，只問耕耘，不問收穫，以德服人。

這裡邊，最重要的一點是謙虛必須有實質內容，否則就是虛偽的。但，人有了很多支持者，常常易受嬌慣，表現出自滿。你會以為得罪一位客人無所謂，反正生意依然好得很。你會以為自己是老闆的大紅人，不把他人放在眼裡。你會以為市場總是偏愛於你的，於是放鬆了市場開拓。這都是讓你落水的因素。所以，孔子講：「有大者不可以盈。」反過來，「有大而能謙，必豫。」

豫，是舒服、自然、悠然。「豫」是第十六卦。

這一卦關乎事業經營者個人的形象，也關乎事業自身的形象，CI策劃，就含有此卦的意義。要一貫維護形象——謙的形象，不以物喜，不以己悲，自然能獲得平安、長久。

但動盪的市場現實提醒人們，舒服的日子不能過得長久。歌舞昇平的日子一久，內部就會出問題。沒有不出問題的：租期到了，折舊期到了，股東會議要求管理者（危機處理者）提高經營指標，新人得不到提升機會等等。

新一輪危機服務

於是，有第十七卦「隨」——反面的東西時時找空子「追隨」於你，「隨便」之意漸起：失去了追求的新目標或只守不攻，或自以為滿足、穩固，「隨他人如何」，或不再想動腦筋做事，「隨意懶散」。經營者、管理者（危機處理者）若對此種現象置若罔聞，則會受意外的折磨，因為人與人之間不可能永遠沒有衝突。

注意，這時必須捨棄個人私心、私利，隨合眾意，以維繫安全的局面。這裡還要注意到一種人——「以喜隨人者」。你的業績蒸蒸日上之時，你躊躇得意滿之際，總會有更多的人想跟隨身後，想隨便獲得些什麼，而且這種人會越來越多。請你招待的，想加入你公司的，想拉你的廣告的，想做你的裝修工程的。需要小心。

不過，「隨」之情又常常防不勝防——總有些人會投你所好。所以，第十八卦為「蠱」。

蠱，本是一種蟲子。蟲子多了，當然不會有好事，人會昏頭昏腦的。它的作用叫蠱惑。但千萬不要怕蠱，不要怕事，更不必怕人，怕就有鬼了。

你要說：有事才需要我，天生我才必有用。這是一種本事，一種積極心態。以此心態配合「我為人人」做事的胸襟，就能引導局面由「多難」走向「多益」，發揮眾人能量，將蛋糕做大，這樣，大家都有份了。這是一個值得冒險的階段，勝敗在此一舉。找到有力的幫手，使用能人，培養後備軍，作持久戰的準備；堅持原則，一貫到底。

於是，出現第十九卦「臨」。臨，就是延伸、擴展、壯大、推動，是一個領導卦。

要講統禦才能，運用集體的力量。這個時機稍縱即逝，所以，務必把握好。要求你增強自己的人格魅力，掌握寬嚴並濟的管理藝術。如此，就可以壯大了，壯大了，你的危機又過去了——「物大然後可觀」。

第二十卦為「觀」——可觀，受重視，受矚目，對事業如此，在市場亦

然。

店舖默默無聞地偏居深巷子裡，又沒人喊，當然沒有人知道。又比如，一棵樹在林子裡，沒人注意，而一旦把它栽到故宮門口，一經歲月催發，就成了照相取景的對象了。因為它「大」了，可觀了。公司上網際網路，上NEC網，上各種類型的預訂網，都是為了可觀。提高產品等級、生產規模、規範度，都是為了可觀。大的意義在於廣而告之，形成大市場認可的良性迴圈局面。回頭客的卦象也體現於此。

當然，這裡的大不僅僅是物理上的大，還包含內在深度、有效的影響力及規範程度。麥當勞快餐廳的規模有大有小，但即使小的，也讓人不敢小看，因為它們的規範程度相當高。規範程度越高，安全性也越高。所以，吃大家的麥當勞與吃小家的麥當勞不會有什麼不同。

同時，本卦還揭示了刑罰的原則：要使一切獲得真正的保障，就必須立法建制，為保持秩序，亦應不惜採取刑罰手段。要堅決、果斷。此亦致大者也。

再上層樓

觀卦之後是第二十一卦「噬嗑」。噬嗑是嘴咬下的意思，是啃，是相合。

有了可觀之處，服務好、設施好、方便、價格合理，自然吸引人，自然人緣好，自然有生意。這就是「合」的方向。但是，合不是苟合，苟合就沒有意義了。這是要警惕的。另外要提高警惕的是，管理者（危機處理者）的一舉一動將成為全企業員工的焦點，所以不可掉以輕心。同時管理者要有主見，對上對下對事對物都要有主見。

第二十二卦「賁」緊跟其上。賁，飾也，裝飾、文化、文明。

這是個禮儀之卦。顯然，上邊的苟合，就是不講究藝術，不講究美了。企業有了生意，就覺得CI可以放鬆了，牆紙破了，隨便找一塊補一補，廣告也做得少了，維護維修也忽略了，人事團隊的組合也不講究最佳配置了，反正還能湊合。在承租式經營管理狀況下，企業常可能在合約期到時，風采也被耗盡了。

苟合，還有時是指各種過度的情況。如太有錢了，燈是水晶的，餐具是

236

鍍金的，牆是高級大理石的，一切都好，就是放在一起不諧調，反而沒了等級，像暴發戶一樣，這也叫做苟合。要特別警惕。這是考驗你的境界的時候。透過了，就能夠發展上去，沒透過，就會走下坡路。企業向上，大目標乃是走向藝術的境界。建設文化的底蘊，要追求深厚的內涵。把握適可而止的技巧，懂得拒絕，避免陷入煩瑣和空虛。管理講藝術，經營講科學，服務講求美。有了藝術性的「合」，就有味道，有品味了。此謂企業（公司）文明，也是都市文明的點睛之筆。

風波再起

但追求這些也不能過頭。

第二十三卦「剝」，講的是「致飾然後亨」，亨通了，就到了盡頭路，過分注重形式，就開始產生腐敗了，小人得勢，君子受擠壓。

這一階段，要注意自保，千萬別走火入魔，偏離正道了。

經營是來不得半點虛飾的：市場用戶的眼睛是雪亮的，誰也騙不了誰。要實實在在地付出。有文化有內涵有價值，物有所值才有成就。否則，就「剝」了，物極必反，慢慢地剝脫，沒毛的鳳凰比雞還難看。在我國各行業中，過度注重形式而導致失敗的例子不少。這是一個惡性循環的卦，而且，從此之後，迴圈頻率會不斷提高，週期會越來越短，情況會越來越複雜。

不過別怕，如果你能反其道而用之，適度而中庸，又會有好成果，就是第二十四卦「復」。

復，就是翻然悔悟，走上復興之道。

受到打擊時，人會有種種反應，但反應的程度有所不同，有的激烈，有的隱忍。在經營上也如此，表面上一切都好，實際上可能已有什麼發生了，等顯現出來，生米做成熟飯，覆水難收了。營業額高或低，可能都有問題。所以，作為經營者、管理者（危機處理者），一定要訓練自己對任何變化的敏感性。

感覺到問題了，如何做？自我反省，重新編制開發計畫，重新展開攻勢。這階段，根絕過去的錯誤最重要。在戰術上，宜從反腐倡廉開始，不計個人得失。能做到這點，大吉；做不到這點，大兇。這個過程是第二十五卦「無妄」，結果也是無妄──沒有過分的東西。

不虛偽，實實在在地落實，實實在在地收穫。這樣的努力，總會有助於你。

以車代步的心理

有了新的起色，發展自然更大了。最後的發展的結果，叫「大畜」，為第二十六卦。

經營至此，真高興，真累，真想休息，真想享受，而且自認為有資本，有資格。

這又是一個危險期。

收穫多了慾望也大了，所以，面臨的危險也大了。這時，你不是固步不前，而要採取老子的「止而不止」的疏導方法，讓自己的東西流進來。切忌過度，一切以中庸自然為原則。

由此，進入第二十七卦「頤」。頤者養也。

這是自然的。不僅養自己，也養育很多人。事業壯大了，如製造業，就帶動了相關的銷售、配件、原料加工等產業的發展。又如飯店業，就會有週邊的餐廳、酒吧、夜總會等跟著發展的情形，一大批人因你的發展而有了工作。但此時一定要注意獨立，千萬不要讓別人來養你。必要時，可以光明正大地採取「取之於民，用之於民」的策略，權宜行事。但出發點一定要正確。這一階段容易發生的錯誤是沾沾自喜，不思進取或恐懼畏縮，患得患失。

若此，結果怎樣？往往真的出錯——以往的基礎牢固時，或可以照舊維持一段時期；基礎不牢者就慘了，所謂病來如山倒。

陰溝裡翻船與柳暗花明

太舒服了，不能自已了，要小心這時的第二十八卦「大過」。

過在哪裡？浪費、奢侈、炫耀。這是必遭天譴之卦。道理很簡單，什麼都有了，所謂萬事俱備，就產生了活思想，有些不安分了，直至採取一些非常行動去實現「理想」。如上一個大項目，或個人有了大野心，必然有危機。所以，在這個時候，一定要慎重地思索，審時度勢，一不能過度自負，二不能縱容惡人，免受牽累，三要使用正確的手段。不然，會跌得很慘。這個階段走得好了，「大過」之期就過去了。

大過之後，又將有迴圈的生機出現。但人的劣根性常令人不願爬出安樂窩，或者受挫後一蹶不振，或者難以憑自身力量突破艱難險阻。此時要堅定、要剛。這是表現你誠信的最佳時機，表現你高尚行為的最佳時機。要明察，避免陷入陷阱；若已陷入陷阱，不要操之過急，要逐步脫險。在做法上，可以不拘常理，運用智慧求得解脫。讀書、學習很重要，學以致用更重要。利用一切可以利用的機會，爬出坑地，不求最好，只求更好，爬得出來就好了。爬不出來，就算到了一坎，到了塌陷的階段。

這是具有階段性意義的一卦——第二十九卦「坎」。坎，就是陷。

陷了也好，撞到南牆，於是有可能回頭了，見到棺材，有可能落淚了。搖搖欲墜之際，跟著墜下去？不能！要爬起來，爬出來就有好處，因為迎接你的，是第三十卦「離」。離，麗也，是太陽又一次從東方升起的卦象。

朝陽無限，前程似錦，新的生活開始了。事業再次汲取到了生命之露。但方法上都要講究。這又是一個表示攀附的卦，就是說，在這　階段，要找依託，找靠山，但應注意，千萬別起乘人之危之心，要找強者，同時，斷然踢開絆腳石，總的策略是「有限寬容」。

回歸本分

「咸」卦是下經的第一卦，為第三十一卦。

咸，是感的意思。感字去掉心，就是咸字，表示一種「無心的感應」，就像少男少女一見鍾情一樣。強調了自然、平等、一致。要致力於感動他人，包容他人，擴大愛，建立和諧的人際關係；忌孤僻冷漠，封閉自己；防備花言巧語的小人行徑。這是個一體化的卦，也是關於婚姻的卦。

第三十二卦為「恆」，意為經常、恆久。

它旨在揭示一種由人倫而起的人際社會關係的總原則。有天地，然後有萬物，這是乾坤大法。有萬物，然後有男女，這是自然。有男女，然後有夫妻，然後有父子，這是社會與自然的進化法則。亦如事業投資，自然有業主，有總公司（母公司）、子公司，都不違背自然規律。這是大框子。

再有父子天倫，然後有君臣制度，再依君臣制度，分出等級名分，最後建立並實施禮儀。這是大框子裡邊的微觀規則，是不變的，恆久的，不能亂，一旦錯亂，就失敗了。事業建設的等級制度、禮儀訓練、制服的區分製

作，都充分反映出這種規則。如果總經理指揮不動部門經理，就「禮崩樂壞」了，要麼是體制出了問題，要麼是個人出了問題，肯定有問題。同時，每個操作步驟的順序也不能錯位，因崗設人的做法順應了此原則，一旦反過來，因人設崗，就有問題了。這些都是禮儀規則，禮儀是使人與人之間的溝通在等級關係網中暢行的道具，失禮少禮的人令人討厭，沒規沒矩的集體必然失敗。

這是每位經營者都瞭解的。

防患於未然

咸也好，恆也好，都如夫妻的結合一樣，不是一朝一夕的，一旦成為夫妻，就應包涵，應合作、配合，否則，兩敗俱傷。但同時也應清醒地認識到，真正不變的現像是沒有的，永遠維持原狀的物體是沒有的。動盪會出現，小人會出現。

所以，接下來是一個表面繁榮狀態之下隱藏著不安的卦象，即第三十三卦「遯」。

遯，退，退隱、迴避、退避。不過，這不是消極的逃跑，而是積極地等待最有利的時機。遇有機會，不可遲疑，沒有機會，不可妄動。自己瞭解自己，知道該不該做、應不應做、能不能做，不行，就讓就退，見好就收。批評人家，不能搞到人家全無鬥志或尋死尋活的；表揚人家，不能讓人家覺得肉麻。知退，功成名就，全身而退，是吉利的。年老了，將事業給年輕人，也是吉利的。這些都是遯的道理。

積極的遯，結果是第三十四卦「大壯」。

出於公正、自知知人的退讓必將帶來企業的大發展。壯，是有力的象徵。當然，僅僅有力還不夠，還要有身心共同的進步。要心正，講究量力行事，不可恃強任性，更要意識到盛極而衰的必然，因為艱難的時刻已經到來，力求自保為上。

學習與革新

如此，便有第三十五卦「晉」。

要求進步，努力學習，取得性命雙修的真正成長，是自保的最積極辦法。所以，它又是一個學習卦。然而，隨著實踐力的增強、學識的增強、能

力的增強，必然會發現很多不合適、不合理、不合時的東西，於是，要改革。

這便出現第三十六卦「明夷」。夷，是受傷、破壞的意思。

破壞掉舊的東西。這是一個革命卦，一個進步卦。但要前進總會有危險。尤其當自己的力量不夠時，努力的結果可能導致徹底失敗或無謂的犧牲。所以，進行改革時，還要注意收斂鋒芒，韜光養晦，待機而動，是謂「用晦而明」。亦可以考慮採取非常手段，但要穩。切記，革命是柄雙刃劍，在傷及他人他事的同時，也可能傷到自己。就是說，遭受創傷的人與給人創傷的人，位置不會一成不變。每個人都有受傷的時候，工作如此，生活也如此。怎麼辦？

溫暖的「家人」與窩裡反的「睽」

第三十七卦「家人」告訴我們：「傷於外者必返其家。」

要為企業每位員工創造出家的溫馨，一種叫「委屈獎」的措施就反映了這種心思。要使他們有一個歸屬感、家庭感。實際上這也是經營者、管理者（危機處理者）為自己造窩，連家都不愛的人，還能愛企業嗎？那麼，這個窩要怎樣才能造好呢？保持中庸。好不能好到極點，好到共產主義；壞也不能壞到過分。薪資太高太低都有危險。太高者，高到不能再高時怎麼辦？忽然因經營狀況不佳落卜來怎麼辦？只能滋生「救火」意識，增加短期行為。太低就留不住人了。這裡很有學問。

第三十八卦「睽」，在「家人」之後虎視眈眈。

睽，反目的意思，指發生乖違現象，不合了，離異了。發生乖違現象就要出亂子了，而且常常不可收拾。乖違，說到事業上的行事，指不合情理的情形，如無故扣發員工餐食補貼、拖欠薪資、獎劣罰優、老實人不得志等等；說到個人行事，就是乖張、個性偏激。所以，得顧全大局，求大同存小異。切忌互相猜忌。猜忌是這一階段的最大敵人。不注意這點，必然會引發不好的結果。

平衡

這結果是第三十九卦「蹇」。蹇就是災難，本意是跛腳，受了傷，寸步難行。

這一階段，要注意採取以柔克剛的策略；必須冒險時，要調動同誌的力量，發揮人格的魅力。否則，只有更慘。但話又說回來，萬物不可能始終處在災難之中。事業經營實在難以維持，還可以轉賣、合股、委託管理、改變功能，總有辦法使無用變有用。

這就是第四十卦「解」。窮則思變，困則思變，以求緩和危機，解除窮困，改變命運。

解者，緩也。緩是急的反意表現。從前的窮困與危機可能就是急躁所致，偏激所致。但也不能矯枉過正，走上另一個極端：原地踏步，畏首畏尾，一朝被蛇咬，十年怕井繩了。

就是說，此一階段的另一面危險來自緩慢。遲緩推拖，或把機會拖丟，或把問題拖大，一樣會誤事。古人講「秀才造反，十年不成」，就是這回事。

因此，在此階段採取斷然措施，嚴加整治，非常必要。但要整治，就會有犧牲，所以，第四十一卦是「損」。損，損失了，敗了，當然晦氣。

但一方損失了，自然就有受益的一方；在你自己而言，在這方面受損了，可能在另一方面受益了。所以，這時的計較，有必要以相對的和辯證的觀點來判斷，即使因緩而損，也要認識到緩也有其可取之處；反過來，可取的、得意的、得志的東西，也可能成為你重蹈覆轍的根由。

因此，上邊的情形是關於「損」的注釋，也是對於第四十二卦「益」的理解。

很多人學歷史只注重某人之所以失敗，然後戒之，反其道而行之，卻忽略了某人的成功經驗對其後來失敗的影響，而後者在現實中往往更具實用價值。

還是老話，得意的頂點，就是崩潰的起點。固守已成功的老辦法、迷信於某一家成功者的模式、照搬書本上的東西來用，有其「益」的路子，有價值，殊不知，它同時也能帶來「損」。不能小看這個損，因為它已經升級了。

柔中有剛又一春

這升級了的東西，就是第四十三卦「夬」。夬，決也，指斷了，崩潰了。

過度增益，過分貪婪，必然適得其反。所以，此卦要求漸變，要明修棧道，暗渡陳倉，要絕斷小人。但變化已經發生，可能一朝起來，一切都斷了，崩潰了，如何辦？驚慌失措？照舊苦撐？都不好。好的做法是運用智慧細加分析，明確地、果斷地中止它，進行改革。

當然，能柔則柔。

這是管理者（危機處理者）的工作作風問題。

這樣，不需太久，你就會看到一個你不曾看到過的新景象：一個新環境、新心情出現了。

這是第四十四卦「姤」。姤，即邁，邂逅、不期而遇之意。

讓你驚喜，讓你憂。姤卦是陰陽相交的卦。一切都在辯證之中。新景象、新環境、新心情的出現，要求你以新的措施去應對。「一朝天子一朝臣」道破了此卦的關鍵。

這一階段的戰略原則是以不變應萬變，顧客至上、員工至上、服務第一等等，都是不變的經營戰略原則。而針對具體客人就要有個性了，此之謂個性化服務。個性化的東西就是以變應變，用來支持總的不變的原則，這是戰術原則。這時，你的關注點必須放在如何支配與運用新聚來的各種力量方面，因為「物相遇而後聚」。新的東西必然有新的遭遇、新的結合。

不過，誰也無法說，人們一定會遇上好的東西，也許會與邪惡相遇，故應高度警惕，發現壞苗頭，嚴厲禁止，圍追堵截，避免擴散；即使我們不幸陷入困境，也不可以借力於邪惡的力量，而要變邪惡力量為正道所用。

接下來的，是第四十五卦「萃」。萃還是聚，是遇到志同道合者之後的景象，是創業的又一春的景象。

青春可人。你利用好了，活用了人力與物力資源，這盤棋就活了。

但要警惕一點：動機要純。轉回來講事業經營。任何經營歸根到底都是人的經營，只要你把握了人，就能夠做起事來，就有春意盎然的景象。

「升」與「困」中的人才觀

第四十六卦是「升」。

人氣旺盛，是餐廳追求的第一目標，餐廳的特色只能從人氣角度體現，沒人來吃就沒有任何意義。這是萃而升的現象。

當然，覺得自己力量不足，找幫手一道幹，也是萃。自己的資金不足，發行股票或透過合資及其他形式擴大資本金，也是萃。個人管理能力、經營水準的提高，即個人力量的增強，從員工而主管而經理，也是萃。萃，然後升，相輔相成。

升只是開始。有了開始，就有終結。升也有限度。

已經有總經理在有效地主持工作了，你就不要過分地、無理地搶班奪權了。升的結局或在過程中，將遇到困難，遇到新的阻力。這些阻力甚至可能是原來的支持力量。畢竟情況有了變化，你不要怪別人。一家企業總經理因工作調動而將離開原職位，原來的一位下屬立即改換門庭，聽命於曾與該總經理關係不好的副總，做些令這位總經理沒面子的事。孰料事情又變，該總經理的調轉令取消，仍在原崗任職。這位部門經理很驚慌。拋開人格因素不說，相對於這位部門經理的作為而言，該總經理是遇到新困惑。好在他能理解，並在一次會上直接告訴大家：「生存與發展是人的基本需求，無可厚非。」

同樣，這也必然造成那位部門經理在今後陞遷路上的新困惑。困惑多了，就有危機了。

《易經》為這種現象排出了第四十七卦「困」。

仍以上邊的例子講，此困不解，總經理、副總、部門經理三位都將陷入不幸，三敗俱傷，企業自然也遭殃，因為上行下效的力量是無窮的。

推而廣之，任何時候，在人生的或事業的頂峰上遇到困難又不能解脫，都會影響成績，而且，絕不會再上升，而只能下降，有時甚至會下降得很厲害，直降到「井」裡。這是第四十八卦——井。業績下降時，即使你仍居總經理位置，也是下降。又如，你由副經理升到經理職務，卻不為大家擁戴，還是下降。到了這個地步，你要品嚐的將是井中滋味。上不去，下不來，四面楚歌。

所以，為人為事，慎之又慎啊！這一卦要求我們：處於窮困中，必須起用賢能，不要浪費人力資源；作為受用的人，更要誠心誠意，全力以赴，自覺進步。否則，船和船中的一切都將遭淘汰。

改變從我開始

面對這人生路上的死門，辦法只有一個：第四十九卦「革」。

革，就是打破自己為自己製作的束縛，打破別人為自己造成的困惑，打破環境的不利因素，尤其要徹底根除腐敗的跡象。它是一個革命卦。革自己的命，革他人的命，革環境的命。每一次市場促銷活動，每一個新管理檔的正式推出都可能是一場革命。不過，必須清醒認識到，革命不是拚命，不是一朝一夕實現改朝換代。沒有一位企業總經理的工作能一步登天，由地而天必須有一個過程。還要強調漸變是根本，突變是結果，孤立的突變是沒有的。所以，應先求鞏固自己，再發動革命。革命中，亦應以身作則。

員工訓練課程中有一個項目叫應變能力訓練。

訓練什麼？訓練緊急狀況下的應對方法。這其實是一個馬後砲式的課題，在講應對變化之前，更重要的，是講如何不使這些問題出現。這是個關係乾坤的問題，是心態問題。企業要實現無差錯服務、超前服務，就是要減少應急的現象。退而言之，緊急狀況的出現也斷不可能是單一因素造成的。如客人投訴服務品質，從經驗中，我們能夠發現，真正的投訴原因，除去客人提出的現象之外，必然有別的雙方都沒注意的隱而未現的東西，如溝通環節處理失當、努力不夠、失禮等等。就是說，投訴，乃是各種使客人不滿的因素相加積累起來之後，形成的爆發性結果。又如，一些措施在甲用來可以，乙用了就不行，原因是甲已經培養了該措施成功所需的條件，乙則沒有。任何事變都是多因素漸變的結果。必定如此。

所以，革卦之後，是第五十卦「鼎」。鼎，鍋、熔爐也。

鼎卦，蘊涵著養賢蓄賢的道理，也揭示了革命成敗的祕密：其一，漸變，要如熔化鋼鐵一樣，火候到了才可以；其二，徹底摧毀、再建，將所有東西都放進爐中，重新煉化一番，再進行鑄造。而無論一二，都必須有人才。現代人常將「鼎革」作為一個詞來講，含義很深刻的。

補充一點，前邊井卦的另一重含義，還有井水的說法。井水之所以能清澄，乃在於被經常淘用。淘用也是革新，也是鼎革。自井至鼎，乃是革命的不斷升溫。升溫說明什麼？動盪。這也恰是革命的特徵。無論怎樣形成的革命，都將引起動盪。程度深的，如企業易主，總經理易人，管理方式改變；淺的如一道新政令被公布，一個新人被提拔到領班位置上，都會引起變動。好的壞的都有。

動靜自如

這就是第五十一卦「震」。震就是動，動盪。

「物不可以終動」。三天改一個政策，五天換一個經理，這樣的企業非亂不可。人員流動是目前行業人士普遍感到頭痛的問題。流動是好是壞？以個人兜裡的錢作比喻：有錢，卻將它放在兜裡不動，不好，因為此時，錢就是紙張。必須動——流通，透過動來獲得個人的種種滿足。有出，有進，這是好的有益的動。但若不停地動，手頭的錢只有出項而沒有進項就慘了。囊中羞澀，當然不好了。至少兜裡要有一些穩定的錢以備不時之需才好。這是經濟學。人員流動也一樣，必須採取措施，確保員工流失率不致過高。

這便到了第五十二卦「艮」。艮，止的意思。

優秀人士為人做事知道適可而止。適可，就是把握適合動作的時機，就是見好就收，不貪。艮字本來的形像是山，如山一樣穩定下來。管理學上稱之為指揮若定。一般服務也如此。比如飯店接待一個大型會議，當然要根據客戶要求對原有會議場所、人員、用具、環境做各種設計、改動。這是動。但一等會議結束，這種動就必須停止，要恢復。否則就亂了。某

家企業的門口在豔陽之日放著一塊「雨天路滑，小心腳下」的牌子，更有幾家企業在 6 月份還能看到「歡度五一」的橫額。這都是管理不善的標誌，有動無靜或有靜無動。

不過，這個止不是止步不前，不是原地不動，不是死。山靜靜地矗立在那裡，表面不動，其實，內在也有變化。這是物理常識，是自然。所以，在工作中，一旦停止新的追求，就失敗了。做人搞學問都一樣，逆水行舟，不進必退。服務品質尤其如此，培訓效果尤其如此，市場開拓、搶灘、拉客源尤其如此。上經第十一卦講到的那個行銷學調查的結論，也說明了這個問題。很殘酷。所以要「苟日新、又日新、日日新」，不滿足於眼前的、手頭的、腳下的。

人在旅途

於是，有第五十三卦「漸」。漸者進也，是針對前進、進步的管理策略之卦。

出外旅遊時，我們總要先訂旅館。道理很簡單，是要建立一個前進路上的「營壘」，步步為營，以求穩紮穩打。這個營壘，就是家，是歸屬，由此，我們能夠理解「賓至如歸」是怎樣一個內涵了。

現實生活中的所有情形，幾乎都是大同小異的，每爭取一個進步，都會有阻力，所以都有必要考慮到退路。這個退路也是營壘。但要正，亦要相信邪不壓正。

因此，又有第五十四卦是「歸妹」。

歸妹卦不同於家人卦的地方，在於前一個是受傷之後要回家，後一個是進步、取得成就之後要回家。所以，歸妹卦又代表著收穫，也如結婚一樣，是一個收穫的結果。有人說，婚姻是人倫的開始，也是人倫的結果。企業經過三年籌建、半年試營業，終於正式掛牌，就是歸妹現象。努力有了回報，也是進步的必然。在感覺上，就跟一分一分地攢錢，終於買了一棟房子一樣。

再接再厲，就是第五十五卦「豐」。

所謂「得其所歸者必大」。豐就是大的意思。盛大、壯大、成長、興旺、擴展。

　　正式營業了，客戶感到你的服務非常正規了，全體成員都有歸屬感了，事業自然向上走。不過，這時候，你尤其要居安思危，誠以待人，嚴於律己，不要自我陶醉，以免於陷入黑暗的窘境。就是說，盛大終有極限，氣球吹大了要破碎。再者，盛大者必須有盛大環境的配合，否則就不行了。人人可以坐大班椅，但若在 30 平方米的家裡擺一張，就不倫不類了。企業生意很好，是豐卦的現象。另外一家同類型的企業見好便上，也不錯，於是，又有第三家同類型的企業出現了。這是這個行業的豐卦的現象。

　　「豐」的結果是什麼？市場分散了，客源不足，競爭日劇。最後可能每家都吃不飽。吃不飽也要吃啊，唯一的辦法就是把市場做大，舍此無他。一旦做不大，比如，爐子只有五寸直徑，如何燒出一尺的大餅？

　　於是，有第五十六卦「旅」。旅，出行之意。

　　衣服小了，只好脫下它。市場做不大，企業無法在原來的位置上發展了，只好尋找多元化的出路。某家商場經過十餘年的發展，人心思上，投資做地產、貿易，組建飯店管理公司，一時間紅紅火火，言必稱生意，幾乎忘了主業，戰線越拉越長。窮大者必失其居。初衷都是美好的，但征途中就難免世事難料了。終有一天，「旅而無所容」。跑累了，跑不開了，落後了，失敗了，受傷了。

給人歡喜

　　這就有了第五十七卦「巽」。巽，入也。

　　這是回歸的卦，也是擠進去的卦。

　　以謙遜的人格魅力，收攏人心；以個人的獨特眼光，果敢行事，細密周詳地安排前因後果。所以，企業的發展在每一步上都應考慮「營壘」的問題，有營壘才有後勁。比如提供一套房子給員工，那麼，他被外派別的子公司、孫公司做事時，就會少有後顧之憂。或如你要求某人達到某一經營或管理目標時，應告訴他們這樣做的結果，要給他一個說法，這個結

果也是「家」，是心理上的「家」。或前邊或後邊，總得給人一個著落才自然。

能有所歸時，皆大歡喜；若無所歸時，途窮路末。這一點要認真記住並小心地實踐。

因此，有第五十八卦「兌」。

兌跟悅一樣，高興之意。

個人有靠山了，有人欣賞了，企業擠進百強行列了，升級了，自然高興。高興歸高興，不可以得意忘形，不可以擺勞苦功高的架子，不可以依靠老資格。一旦有了這種現象，在個人則個人渙散，在集體則集體渙散，這有其必然的理由。抑或出現小人獻媚，取悅於人的情況，也在此卦象裡，很可怕，它會造成機制的病態。

適可而止

故有第五十九卦「渙」。

渙是離散之意。這當如何是好？

節制。節制，就是管理、控制、領導。做事業經營，開支上要嚴格，開發人力資源要有熱情，要運用科學的方法。如果你沒有關注到這點，那麼說明你沒有管理者（危機處理者）的眼光；你沒有把握好，說明你管理的本事還不到家；不能按管理原則辦事，就是自由主義。

所以，必須有第六十卦「節」。行動謹慎，順應自然；忌矯枉過正，由一個極端走向另一個極端。這就是節，不節者，遲早會失敗。

節，如何節？如何管理、控制、領導？是為第六十一卦「中孚」。

中孚的回答是「誠信」。孚，就是誠信。它是節制的點睛之筆，也是節制的重要成果和作用。所謂「用人不疑，疑人不用」是也。但誠然有信，在事未免矯枉過正，在人未免呆板固執。這是每個老誠厚道的人都可能有的毛病，有時這是美德，但更多的時候，還是要自省，因為誠信之人

亦會因誠信而有信心，有了信心，於是不滿足於現狀，採取行動。行動，在誠信的個性支配之下，常可能發生過度行為，由此，也會招致麻煩。

做事總會有麻煩，做事越多，麻煩也就越多，因為過失與做事的多少成正比。但不要怕，第五十二卦小過就講了這個道理。白璧微瑕，總有些美中不足，只要發現及時，迅速補正，還是大吉大利的。不過，小看「小過」的做法決不可取，有些人就因為小過而摔大跟頭。再者，「小過」同時也可能是我們的優勢，如為人辦事不拘小節，超越常情，亦有終足以成就大事者。

危機必然來臨，所以......

成大事的現象，就是第六十三卦「既濟」。

換句話說，當一個人的誠信達到了一定高度，修養達到了一定深度（哪怕過了頭也不打緊），總會有一些新的機會找上你，總會有一個全新的開始的。這當然也是成功。機會是為那些已做好準備的人所用的！成功歸成功，並不意味著事情就此完結，保持持續的成功、成果、成就的路更長更遠更久，並且還會不斷出現上邊各卦的現象，無止無休。盛極必衰，務必警惕；防微杜漸，從我做起；否極泰來，重樹信心；堅定信念，勇往直前。

《易經》最後的第六十四卦是「未濟」，未濟就是未完。

成功的道上，通常是危機四伏的，只看你能否發現它們。在這一卦上，人永遠處於未成功的路上。成功可能到來，也可能不來，或令你返回起點，重新再來。做危機處理的人會累也會找到累中的歡樂，誠如這六十四卦所揭示的：天道迴圈不已，人道無窮無盡。當然，要實實在在地做，只有做，才合乎自然之道，才不負人生。

事業成長的路徑，是市場的路徑，歸根到底，是人的路徑。

這是一個永遠的未濟之路......

飯店危機服務

作者：王偉

發行人：黃振庭

出版者 ：崧博出版事業有限公司

發行者 ：崧燁文化事業有限公司

E-mail：sonbookservice@gmail.com

粉絲頁　　　　　　網址:http://sonbook.net

地址：台北市中正區重慶南路一段六十一號八樓 815 室

8F.-815, No.61, Sec. 1, Chongqing S. Rd., Zhongzheng

Dist., Taipei City 100, Taiwan (R.O.C.)

電　話：(02)2370-3310 傳　真：(02) 2370-3210

總經銷：紅螞蟻圖書有限公司

地址：台北市內湖區舊宗路二段 121 巷 19 號

電話:02-2795-3656　　傳真:02-2795-4100　網址：

印　刷 ：京峯彩色印刷有限公司（京峰數位）

定價：450 元

發行日期：2018 年 5 月第一版